NCS기반

네일미용학

NAIL COSMETOLOGY

이미춘 · 이서윤 · 조미자 · 심정희
김은영 · 천지연 · 이미희 공저

光文閣
www.kwangmoonkag.co.kr

머리말

　한국의 뷰티 산업은 날이 갈수록 급속도로 성장하고 있다. 불과 몇 년 전만 해도 외국의 트랜드를 받아들였다면 현재는 한류와 함께 새로운 트랜드를 주도적으로 만들어 세계로 전달하고 있다 해도 과언이 아닐 정도다. 뷰티 산업이 성장하면서 네일미용도 많은 성장을 거듭하고 있다.

　늘 새로운 것을 추구하고 개인의 개성과 이미지를 중시하는 소비자의 요구에 따라 빠른 속도로 발전하는 네일미용은 창조적이고, 단기간에 기술을 습득할 수 있으며, 최소의 비용으로 고소득을 창출할 수 있다는 매력으로 뷰티 산업에 신선한 바람을 일으키고 있다.

　네일미용에 대한 관심이 크게 부각되어 방송이나 CF, 패션 잡지 등을 통해 다양한 네일미용 서비스가 발전되고 독창적인 아이디어로 무궁무진한 네일아트의 세계를 표현하고 있다. 그 결과 많은 곳에서 네일미용숍을 찾아볼 수 있게 되었고, 이렇게 네일아트는 대중화되면서 전문성을 인정받아 네일 국가 자격증도 신설되었다. 체계적인 교육으로 전문인을 양성하는 네일 교육기관도 활성화되고 있다. 또한, 개성 넘치는 자신만의 독특한 네일 디자인을 요구하면서 다양한 재료가 개발되고 있고, 그에 따라서도 고객들의 욕구를 충족시킬 수 있는 기회가 만들어지면서 더 많은 네일 미용 산업이 호황을 이루고 있다.

　이 책은 1부 NCS 기반 네일 개론은 네일 미용의 역사, 미생물학, 소독학, 피부학, 네일의 개념 및 병변, 네일 미용 기기 및 재료, 색채학으로 구성하여 NCS 방식의 네일 미용을 공부하는 데 필요한 전반적인 이론을 제시하였고, 2부 NCS 기반 네일숍 위생 및 네일관리는 네일숍 위생 서비스, 네일 화장물 제거, 기본 네일관리를 다루었으며, 3부 NCS 기반 네일 테크닉은 네일 테크닉의 이해, 네일 팁, 네일 랩, 젤 네일, 아크릴릭 네일 등의 네일 미용 중 인조 네일 부분을 체계적으로 다루었다. 4부 NCS 기반 네일아트는 평면 네일아트와 입체 네일아트로 아름답고 화려한 아트로 네일 미용을 표현 할 수 있는 방법을 제시하였다. 5부 NCS 기반 네일 미용 경영은 네일 미용인으로서 직원·고객·제품·재무·홍보 관리를 할 수 있는 내용을 제시했다. 또한, NCS 교육과정별로 예상문제와 아트 갤러리를 추가하여 학생들이 공부하는데 참고할 수 있도록 하였다.

하나의 뷰티 산업 분야로 자리를 잡은 네일 미용 분야는 산업 현장에서 직무를 수행하기 위해 지식·기술·소양 등의 내용들을 국가가 산업 부분별·수준별 체계화한 것으로 산업 현장의 직무를 성공적으로 수행하기 위해 필요한 능력(지식·기술·태도)을 국가적 차원에서 표준화한 국가직무능력표준(NCS)에 선정되었으므로 이 책을 국가직무능력표준(NCS)을 기반으로 하는 네일 미용 교재로 준비하였다.

최선을 다하여 이 책을 준비하였지만, 많은 부분 부족한 면이 보여 아쉬움이 남는다. 하지만 국가직무능력표준(NCS)을 기반으로 네일 미용 교육을 하시는 분들에게 정확한 네일 미용을 보다 쉽게 가르칠 수 있고 학생들은 보다 쉽게 공부를 할 수 있는 책이 되었으면 한다. 이 책이 출판되기까지 도와주신 모든 분들과 물신 양면으로 도와주신 광문각출판사 박정태 대표님을 비롯하여 출판사 임직원 여러분께 감사드린다.

저자 일동

CONTENTS

CONTENTS

3. NCS 기반 네일테크닉

4. NCS 기반 네일아트

CONTENTS

5. NCS 기반 네일 미용 경영

6. 예상문제

7. 아트 갤러리

NAILCOSMETOLOGY

NAILCOSMETOLOGY **01**

NCS기반 네일 개론

Nail

01. 네일 미용의 역사

1. 외국의 네일 미용 역사

- 매니큐어란(MANICURE)란 마누스(MANUS/손)와 큐라(CURA/관리)에서 파생되어 네일의 모양 정리, 큐티클(cuticle) 정리, 손 마사지, 컬러링(coloring) 등을 포함한 총괄적인 손 관리(hand care)를 의미.
- BC 3000년경 이집트와 중국의 상류층에서 최초로 네일 관리 시작.

고대 이집트	• 피라미드 안에서 손톱에 바르는 약과 도구 발견(금과 동으로 만든 손톱용 칼과 줄칼 등) • 네일의 색깔로 사회적 신분 구분(왕족과 상류층은 짙은 색, 하류층은 옅은 색) • 헤나(henna)라는 관목에서 붉은색과 오렌지색을 추출하여 미라의 네일에 색상을 입히거나 제사와 관련하여 사용
고대 중국	• 홍화 재배로 손톱에 발라 조홍이라 함 • 밀납(벌꿀), 아라비아고무나무수액, 난백(계란 흰자위) 등을 사용하여 네일에 색상을 사용 • BC 600년경 금색, 은색, 검정, 빨강으로 상류층의 신분 과시와 미적 감각 표현

고대 로마	• 군사들이 염료를 사용하여 입술과 손톱에 같은 색을 칠함 • 귀족 부인들은 매니큐어와 페디큐어 담당 노예가 관리 • 로마인들은 광택을 내고, 분홍색을 일반적으로 칠함
고대 그리스	• 여성들은 손톱뿐만 아니라 얼굴과 유두에도 붉은색 칠함(여성의 지위 상승을 뜻함) • 매니큐어와 페디큐어 행함

중세	• 남성들도 네일 관리 시작
	  (전쟁에 나가는 군사들이 손톱과 입술에 염료를 사용하여 같은 색을 칠하여
	  용맹을 과시하며 승리를 기원)

17C	인도의 여성들은 조모(matrix)에 문신 바늘로 색소를 주입하여 상류층을 과시
1800년	• 일반인에게 대중화되기 시작 • 아몬드형의 손톱 모양이 유행 • 붉은색 오일을 발라 샤미스(chamois : 염소나 양의 부드러운 가죽) 버퍼를 사 용하여 손톱에 광택이나 색깔을 내기도 함
1830년	오렌지 우드 스틱(orange wood stick)을 네일 관리에 사용
1885년	네일 에나멜의 필름 형성제인 니트로셀룰로오스 개발
1892년	발 전문의사 시트(Sitts)의 조카에 의해 네일 관리가 새로운 직업으로 미국에 도입
1900년	• 금속 가위와 금속 파일(file)을 사용하여 네일 관리를 시작 • 유럽에서 네일 관리가 본격적으로 시작
1925년	네일 에나멜 산업의 본격화
1927년	흰색 에나멜, 큐티클 크림, 큐티클 리무버 제조
1930년	제나(Gena)연구팀에 의해 네일 에나멜, 워머로션, 큐티클 오일이 최초로 등장
1935년	인조 네일 개발

1940년	남성들의 손톱 관리 시작. 빨간색 에나멜을 네일에 꽉 채워 바르는 것이 유행
1948년	미국의 노린 레호(Noreen Reho)에 의해 매니큐어 작업에 기구 사용하기 시작
1950년	네일에 자연적인 색상이 유행하면서 다양한 자연적인 색상 개발
1957년	• 아크릴릭 네일(acrylic nail) 최초 시술 • 헬렌 걸리(Helen Gourley)가 미용학교에서 네일 교육 시작 • 페디큐어 등장
1960년	실크(Silk)와 린넨(Linen)을 이용하여 약한 손톱 보강 시작
1970년	본격적으로 네일 팁과 아크릴릭 네일로 강한 네일 표현
1973년	미국 IBD 회사가 네일 접착제와 접착식 인조 네일 개발
1974년	• 미국의 식약청(FDA)에 의해 메틸 메타크릴레이트가 인체에 해를 끼친다고 사용 금지
1976년	스퀘어 형의 손톱 모양 유행
1981년	• 네일 전문 제품 에시(Essie), 오피아이(OPI), 스타(Star) 등 출시 • 네일 액세서리 등장
1982년	아크릴릭 네일 제품 개발-미국 타미테일러(Tammy Taylor)
1989년	네일 산업의 급성장
1992년	NIA(The Nails Industry Association)이 창립되어 네일 산업 본격화
1994년	• 라이트 큐어드 젤 시스템의 등장 • 뉴욕 주 네일 테크니션 면허 제도 도입

2. 한국의 네일 미용 역사

1988년	미국의 그리피스 조이너스 육상선수가 인조 팁을 시술하고 서울 올림픽에 참가하여 방송에 보도
1989년	최초의 네일 살롱 '그리피스' 서울 이태원 오픈
1996년	백화점에 네일숍 입점
1997년	• 수입 네일 전문업체 등장과 함께 네일 전문 학원이 개설되고 학원생들 배출 • 본격적인 네일 산업 시작 • 민간단체 네일협회 창립
2014년	7월 1일 네일 국가자격증 시행령 실시
2014년	11월 16일 네일 국가자격증 제1회 필기시험 시행

02. 미생물학

NCS 능력단위 명칭	NCS 능력단위 요소
네일숍 위생 서비스 1201010403_14v2	숍 청결 작업하기/1201010401_14v2.1 미용 기구 소독하기/1201010401_14v2.2 손·발 소독하기/1201010401_14v2.4

1. 미생물의 정의

미생물은 0.1mm 이하의 눈에 보이지 않는 미세한 생명체를 총칭하는 것으로 여러 가지 환경에 잘 적응하며 살아간다. 각종 물질의 변질과 부패의 원인이 되고, 종류는 세균류, 사상균류, 효모, 조류, 원생동물류, 바이러스 등이 있다.

2. 박테리아(Bacteria, 세균)

① 한 개의 세포로 이루어진 미생물로서 육안으로는 볼 수 없다.

② 물, 공기, 먼지, 썩어가는 물건, 우리 몸의 피부, 몸의 분비물, 옷, 테이블에 서식

③ 네일 기구, 손톱 밑 등 어디에나 서식이 가능하다.

④ 유해한 병원성 박테리아와 유익한 비병원성 박테리아로 구분한다.

3. 비병원성 박테리아

① 인체에 해를 끼치지 않으며 오히려 유익하다.

② 약 70%는 비병원성 박테리아다.

③ 부패, 분해시키는데 중요한 담당을 한다.

④ 세균으로부터 부패하거나 분해시키는데 중요한 역할을 한다.

⑤ 식품을 가공하거나 항생물질로 이용한다.

⑥ 효모 · 발효 · 곰팡이 · 유산균 등이 있다.

4. 병원성 박테리아

① 숙주에 침입하여 특정한 질병을 일으키는 미생물이다.

② 약 30%는 병원성 박테리아다

③ 인간의 감염과 질병에 가장 많은 원인이 된다.

④ 세균, 바이러스, 리케치아, 진균 등이 있다.

⑤ 형태에 따라 구균, 간균, 나선균으로 구분한다.

5. 박테리아의 성장과 번식

① 따뜻하고 어둡고 습기가 많은 곳에서 쉽게 번식한다.

② 박테리아는 성장과 번식이 적절하지 못하면 포자 형성한다.

③ 성장에 적합한 환경이 되면 성장과 증식 활동을 다시 시작한다.

④ 포자는 살균제, 열, 추위에도 쉽게 파괴되지 않는다.

6. 병원성 박테리아의 종류 및 특징

1) 박테리아 세균의 종류

(1) 구균(Cocci/콕사이)

둥근 형태의 세균으로 단독적 또는 집단적으로 서식하고 고름을 생기게 한다.

① 구균의 종류

- 포도상 구균 : 손가락 등의 화농성 질환의 병원균, 식중독의 원인균으로 불규칙한 포도송이 모양, 종양, 종기, 농포 등
- 연쇄상 구균 : 체인 모양, 인후염, 편도선염, 폐혈증, 류머티즘 등
- 쌍구균 : 두 개 쌍으로 이루어짐, 임질, 수막염, 폐렴, 기관지염, 이염 등

(2) 간상균(Bacilli/바실리)

작은 막대 모양, 결핵, 디프테리아, 파상풍, 인플루엔자, 장티푸스, 결핵균 등

(3) 나선균(Spirilla/스피리라)

입체적인 S형 또는 나선 모양, 보렐리아, 트레포에마(매독), 랩토스피리아

| 구균 | 나선균 | 간상균 | 쌍구균 | 연쇄상구균 | 포도상구균 |

2) 바이러스

(1) 아주 작아서 전자현미경으로만 볼 수 있다.

(2) 열에 약하고 자기여과기를 통과하기 때문에 여과성 병원체라고 한다.

(3) 살아 있는 조직세포 내에서만 증식한다.

(4) 단순포진, 대상포진, 홍역, 유행성 독감, 유행성 이하선염, 수두, 무균성 수막염, 간염 등을 유발한다.

(5) 가장 치명적인 바이러스는 인체 면역력 결핍 바이러스(HIV)로 후천성면역결핍증(AIDS)을 일으킨다.

3) 진균

(1) 약 10만 종의 균종이 있다.

(2) 피부 사상균과 캔디아(Candia)만이 사람에게 전파하여 질병을 유발시킨다.

(3) 네일 표면 바로 밑부분에 노란빛으로 나타나고 큐티클 방향으로 증상이 진전되면 변색된 부분이 노란색-녹색-검은색으로 짙어진다.

(4) 곰팡이, 효모, 버섯 등으로 무좀, 백선 등의 피부병을 유발한다.

4) 리케치아

(1) 세균과 바이러스의 중간 크기에 속한다.

(2) 이, 벼룩, 참 진드기 같은 곤충(절지동물)에 의해 전파된다.

(3) 장티푸스와 발진열 등을 일으킨다.

5) 파라사이트

(1) 기생충으로 생명체에 붙어서 기생하는 병균으로 식물성은 버짐을 유발한다.

(2) 동물성 기생충에는 옴 벌레, 이 등이 있다.

> **TIP** 미생물의 성장에 영향을 미치는 요인
> 온도, PH, 산소, 수분, 삼투압, 이산화탄소, 영양원이다.

03. 소독학

NCS 능력단위 명칭	NCS 능력단위 요소
네일숍 위생 서비스 1201010403_14v2	숍 청결 작업하기/1201010401_14v2.1 미용 기구 소독하기/1201010401_14v2.2 손 · 발 소독하기/1201010401_14v2.4

감염 예방을 위해 병원균을 죽이는 일로 많은 소독법과 소독약은 균체의 성분과 결합하거나 균체의 성분을 변화시켜 균의 발육이나 번식을 막아 살아갈 수 없게 한다.

소독은 열, 침투압, 자외선, 초음파, 방사선 여과 등에 의해서 병원미생물을 제거하나 죽이는 물리적 소독(이학적 소독)과 크레졸, 소독약, 알코올, 생석회 소독약 등으로 살균하는 화학적 방법이 있다.

1. 소독의 정의

1) 소독의 정의

(1) 소독 : 병원균을 죽이거나 제거하여 감염을 없애는 것

(2) 방부 : 생활 환경을 불리하게 만들어 증식과 발육을 저지하는 것

(3) 멸균 : 모든 균을 완전히 죽이는 것(포자균 사멸)

(4) 제부 : 화농창에 소독약을 발라서 화농균을 사멸시키는 것

(5) 살균 : 원인균을 죽이는 것

(6) 오염 : 물체 내부, 표면에 병원체가 붙어 있는 것

TIP 소독 효과 비교 : 방부 〈 소독 〈 살균 〈 멸균

(7) 소독에 필요한 조건

① 소독에 영향을 미치는 인자 : 온도, 수분, 시간

② 물리적 소독 : 열, 수분, 자외선

③ 화학적 소독 : 물, 온도, 농도, 시간

(8) 소독약의 구비 조건

① 안전성이 높을 것(인체 무해, 소독 대상물에 손상이 없을 것)

② 부식성 및 표백성이 없을 것

③ 경제적이고 사용이 간편할 것

④ 살균력이 강하며, 용해성이 높을 것

⑤ 짧은 시간에 확실한 소독 효과가 있으며 나쁜 냄새를 남기지 말 것

(9) 소독약 사용 및 보존상의 주의사항

① 소독 대상에 따라 적당한 소독약이나 소독 방법 선정

② 병원체 조류, 저항성에 따라 멸균, 소독의 목적에 따라 시간과 방법을 고려

③ 소독약은 사용 즉시 만들어 사용

④ 약품은 밀봉하여 냉암소에 보관하고, 라벨이 오염되지 않도록 구분해 둘 것

(10) 살균작용의 작용기전

① 산화작용 : 과산화수소, 오존, 염소 및 유도체, 과망간산칼륨 등

② 균체의 단백질 응고작용 : 석탄산, 크레졸, 승홍, 알코올, 포르말린, 생석회

③ 균체의 효소 불활성화작용 : 석탄산, 알코올, 역성비누, 중금속염

④ 균체의 가수분해작용 : 강산, 강알칼리, 중금속염

⑤ 탈수작용 : 알코올, 포르말린, 식염, 설탕

⑥ 중금속염의 형성 : 승홍, 머큐로크롬, 질산은

⑦ 핵산에 작용 : 자외선, 방사선, 포르말린

⑧ 균체의 삼투성 변화작용 : 역성비누, 석탄산, 중금속염

2. 자연 소독법(무열에 의한 소독)

1) 자외선 멸균법

(1) 2,537Å 내외의 인공 자외선으로 소독

(2) 자외선 소독에 사용되는 자외선 파장은 2,400~2,800Å

(3) 비타민 D 형성, 장기 조사하면 피부 점막에 유해

(4) 용기, 기구 등을 2~3시간 소독

2) 일광 소독

(1) 건강선 또는 도르노선(dorno ray) 2,900~3,200Å 파장의 자외선으로 살균

(2) 인체의 신진대사 촉진, 비타민 D 형성, 곱사병 예방

(3) 침구, 의류, 가구 등

(4) 결핵균, 페스트균, 장티푸스균 등의 사멸에 사용

3) 여과법

(1) 특수한 약품ㆍ혈청과 같이 열을 가할 수 없는 것에 세균 여과기를 통해 제거하는 방법

(2) 바이러스는 통과

(3) 도자기, 규조토, 석면판을 재료로 한 여과기 이용

4) 초음파 소독

초음파 발생기를 10분 정도 사용하여 살균

3. 물리적 소독법

1) 건열에 의한 소독

(1) 건열 멸균법

① 특징 : 습열에 적합하지 않고 고열에 잘 견디는 물건에 적용
② 방법 : 건조한 높은 온도의 공기를 사용하여 멸균하는 방법
③ 온도 : 160~170도에서 1~2시간, 180도에서 20분간 가열
④ 대상물 : 유리기구, 도자기류, 거즈, 솜, 의료기구 등

(2) 화염 멸균법

① 특징 : 대상물을 불에 그을리는 방법
② 방법 : 알코올 램프나 버너의 불꽃에서 20초 이상 멸균하는 방법
③ 대상물 : 가위, 면도, 핀셋, 금속 제품 등

(3) 소각 소독법

① 특징 : 가장 확실하게 소독하는 방법
② 방법 : 대상물을 불에 태우는 방법
③ 대상물 : 천, 종이, 쓰레기, 환자의 객담과 배설물, 휴지, 동물의 사체 등

2) 습열에 의한 소독

(1) 자비 소독(습열에 의한 소독)

① 끓는 물 100도에 10~20분간 소독, 살균하는 방법

② 유리 제품은 찬물에서부터 넣고 가열하여 20분간 소독

③ 물에 탄산수소나트륨 중조를 1~2% 첨가(녹슬음 방지, 살균력을 높임)

④ 금속제품은 물이 끓기 시작한 후 넣어야 반점이 생기지 않음

⑤ 대상물 : 식기, 금속성, 유리, 도자기류, 의류, 소형천

> **TIP 아포**
>
> • 영양 부족, 건조, 열 등의 증식 환경이 부적합하여 지면 균의 저항력을 키우기 위해 형성
> • 아포를 형성하는 균은 파상풍 · 탄저 · 보툴리누스 · 기종저균 등

(2) 유통 증기 소독

① 코호 증기솥이나 아놀드 증기솥

② 100도의 유통 증기를 30~60분간

(3) 고압 증기 멸균법

① 100~135도 고온의 증기를 미생물, 포자 등과 접촉하여 완전 멸균하는 방법

② 세균의 작용할 대상물 : 기구, 의류, 고무 제품, 거즈, 약액 등

(4) 간헐 멸균법

① 코호 증기솥이나 아놀드 증기솥

② 100도 유통 증기로 15~30분간씩 24시간 간격으로 3회를 가열하는 방법

③ 1회의 멸균에서 증식형 세포는 사멸

(5) 저온 살균법

① 프랑스 세균면역학자 파스퇴르에 의해 고안

② 특징 : 음식물의 맛과 영양 유지에 효과적, 대장균은 사멸 안 됨

③ 방법 : 일반적으로 62~63도에서 30분간 살균

④ 대상물 : 우유 살균은 63~65도에서 3분, 포도주 55도에서 10분, 건조 과일 72도

에서 30분, 아이스크림 원료 80도에서 30분 등

4. 화학적 소독법

1) 석탄산(페놀)

(1) 조직에 독성이 있어 인체에는 사용을 자제하고 살균력 측정의 지표로 사용

(2) 승홍수 1,000배의 살균력

(3) 일반적 농도는 3%(물 97%), 손 소독 2%(물 98%)의 수용액

(4) 의류, 목재, 용기, 객담, 토사물, 실내 소독 등의 소독

(5) 장점 : 경제적, 안정성, 사용 간편, 가격 저렴

(6) 단점 : 프라스틱 · 금속 부식, 취기와 독성이 강해 피부 점막에 자극성

2) 크레졸 비누액

(1) 석탄산에 비해 2배의 소독력을 가짐

(2) 난용성이므로 크레졸 비누 액 3%에 물 97%의 비율로 만들어 사용

(3) 손 소독에는 1~2% 사용, 손, 피부 등의 소독

(4) 바이러스에는 소독 효과가 적으나 세균 소독에는 효과가 큼

3) 알코올

(1) 알코올 70%

(2) 수용액에서 살균력이 강하며 지용성이며 방부력을 지님

(3) 무포자균에 효과적이나 아포형성균에는 효과가 없음

(4) 수지, 피부, 기구, 식기 등의 소독

(5) 기구는 10~20분 이상 담가 소독

4) 포름알데히드

(1) 무색, 자극성이 있으며, 냄새가 있고 물에 잘 용해됨

(2) 기체 상태로 실내 소독이며 증기를 동시에 증가시키면 소독력 향상

(3) 강한 살균력을 가지며 아포에 대해서도 강한 살균 효과

(4) 실내 소독, 의류, 도자기, 목제품, 셀룰로이드, 고무 제품 등의 소독

5) 포르말린

(1) 메틸알코올을 산화시켜 얻어진 가스를 물에 녹인 것

(2) 40% 포름알데히드 수용액으로 수증기를 동시에 혼합하여 사용

(3) 온도가 높을수록 소독 효과 강함

(4) 장기간 흡입하면 암을 유발할 수도 있음

(5) 기구(10~25%), 실내 소독(35~45%)

(6) 수지, 의류 등 일반적인 사용 농도(5% 용액)

6) 승홍수(염화제2수은)

(1) 살균력이 강하며 온도가 높을수록 매우 강함

(2) 무색, 무취이며 독성이 강하므로 착색(적색, 청색)을 하여 표시해 둘 것

(3) 대장균, 포도상구균을 5~10분에 사멸

(4) 수지, 피부 소독은 0.1%

(5) 의류 천조각, 실내, 도자기, 유리 제품 등의 소독

(6) 피부 점막에 자극성이 강하고 상처 피부에 적합하지 않음

(7) 제조법은 승홍 1 : 식염 1 : 물 998

7) 염소제(염소, 치아염소산나트륨, 표백분)

(1) 수돗물(음용수)의 소독 시 잔류 염소 함량은 0.2PPM으로 잔류 효과가 크다.

(2) 살균력은 강하나 부식성이 있어 상·하수도 등의 대규모 소독에 사용

(3) 표백분은 물속에서 발생기 염소를 내어 살균작용(음용수 0.2~0.4PPM)

(4) 사용이 간편하고 값이 저렴하고 독성이 적어 음료수나 수영장에 적용

(5) 자극적인 냄새가 남고, 세균 및 바이러스에 작용

(6) 도구 소독은 10분 동안 담가 사용

8) 생석회(산화칼슘)

(1) 백색의 분말(생석회 20%+물 80%=석회유)

(2) 물이나 습기 찬 장소를 소독할 때는 가루를 직접 그곳에 뿌려 사용

(3) 결핵균, 아포 등은 효과가 없으며 값이 싸기 때문에 광범위 소독에 적합

(4) 분뇨, 토사물, 분뇨통, 쓰레기통, 하수도 등의 소독

9) 과산화수소(옥시풀과 과산화망간)

(1) 2.5~3.5% 수용액(옥시풀)으로 소독에 사용

(2) 무색, 무취, 투명

(3) 산화작용에 의해 살균하며 표백작용을 함

(4) 피부 소독, 구강 치료제로 사용

10) 역성 비누

(1) 살균력과 침투력은 강하나 세정력은 없는 계면활성제

(2) 무색, 무취, 무미, 무독성이며 물에 잘 녹고 흔들면 거품이 남

(3) 손 소독 3% 수용액, 보통 농도 0.1~0.5%

(4) 수지, 기구, 용기 소독에 적당하여 이·미용에도 널리 사용

11) 머큐로크롬(빨간약)

(1) 2% 수용액으로 피부 상처 소독용

(2) 세균 발육의 억제 작용은 비교적 오래 지속

(3) 자상, 찰과상 소독

04. 인체 해부 · 생리학

NCS 능력단위 명칭	NCS 능력단위 요소
네일 기본 관리 1201010403_14v2	보습제 바르기/1201010403_14v2.4

- **해부학(anatomy)**

  인체를 구성하는 각 부위의 기관이나 형태, 구조를 연구하는 학문

- **생리학(physiology)**

  인체의 기능이나 작용에 관해 연구하는 학문

- **인체의 구성 단계**

  ① 세포 : 생명체의 구조 및 기능적 기본 단위

  ② 조직 : 비슷한 구조와 기능을 가진 세포의 집단

  ③ 기관 : 특수한 기능이나 활동을 수행하기 위하여 여러 조직으로 구성되어 기능
  을 수행

  ④ 기관계(계통) : 여러 개의 기관이 모여 특수한 기능을 담당하는 집합체

  ⑤ 개체(인체) : 총체적인 생명체, 상호의존적인 기관의 복합체

1. 세포(cell)의 구조 및 작용

1) 세포(Cell)

(1) 인체를 이루는 가장 기본 단위

(2) 모든 생물체의 기본 단위이며 생명의 기본 단위

(3) 모든 생화학적인 변화가 활발히 일어나는 살아 있는 물질

2) 세포의 구조

세포는 핵과 세포질 그리고 세포막으로 구성

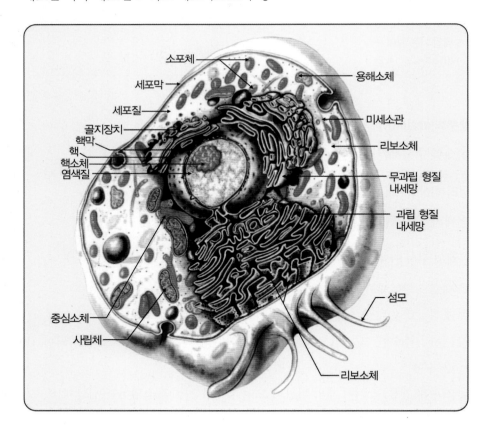

(1) 핵(Nucleus)

① 공 또는 타원 모양으로 세포의 중심부에 위치한다.

② 세포의 신진대사를 조절하고 생식에 중요한 역할을 한다.

③ 적혈구와 혈소판을 제외한 모든 세포에 존재한다.

④ 핵을 갖는 세포를 진핵세포, 핵을 갖지 않는 세포를 원핵세포라 한다.

⑤ 핵막, 핵형질, 염색질, 핵소체로 나누어진다.

  • 핵막 : 핵을 둘러싸고 있고, 세포질과의 경계

  • 핵형질 : 단백질이 주성분인 콜로이드 상태로 리보솜과 DNA가 존재 염색질
    과 핵소체를 제외한 물질

  • 염색질 : 단백질 합성에 필요한 RNA를 만듦

  • 핵소체 : DNA와 단백질로 구성하고 RNA를 합성하는 기능

(2) 세포질(원형질)

① 세포막과 핵 사이에 느슨한 원형질로 되어 있다.

② 핵을 제외한 세포막의 안쪽 부분으로 영양물질을 저장했다가 세포의 성장, 재생
  그리고 교정이 필요할 때 사용한다.

③ 핵을 제외한 세포막의 안쪽 부분으로 영양물질을 저장했다가 세포의 성장, 재
  생, 그리고 교정이 필요할 때 사용한다.

(3) 세포막(Cell membrane)

① 세포질 주위를 둘러싸고 있는 얇은 이중막으로 인지질, 단백질, 탄수화물로 구
  성되어 있다.

② 세포 내부를 보호하고 영양물질과 산소 및 노폐물을 투과시키는 필터 역할을
  한다.

(4) 중심체(Centrosome)

세포의 생식에 영향을 주며 세포 고유의 특징을 유지하는 데 사용한다.

(5) 사립체(미토콘드리아 : Mitochondria)

세포 활동에 필요한 에너지를 만든다.

(6) 용해소체(리소좀 : Lysosome)

가수분해 효소를 가지고 있다.

3) 세포의 성장과 분열

세포가 일정 크기에 도달하면 분열하여 그 수가 증가하는 것
(1) 세포분열 : 세포가 일정 크기에 도달하면 분열하여 그 수가 증가하는 것
(2) 유사분열 : 먼저 핵이 분열하고 세포질이 갈라지는 것
(3) 무사분열 : 핵과 세포질이 구별 없이 한 덩어리로 갈라지는 것
(4) 감수분열 : 유사분열의 특수형으로서 생식세포가 성적으로 성숙한 난자와 정자
  에서 일어나는 것

4) 세포의 신진대사

(1) 동화작용 : 세포의 조직을 형성하는 과정이며 수분, 영양, 산소를 흡수하여 에너
  지를 생산하는 과정이다.
(2) 이화작용 : 세포의 조직을 분해하는 과정이며 에너지를 소모한다.

2. 조직의 구조 및 작용

인체를 구성하고 있는 세포들이 일정한 기능을 수행하기 위해 같은 형태의 세포들의 집단이다.

1) 상피 조직

각 기관의 체표면과 내강면을 덮는 막성 조직으로서 보호, 흡수, 감각, 방어, 생식세포 생산 등의 기능을 한다.

2) 결합 조직

인체에 가장 많이 분포되어 있는 조직으로 세포나 조직, 장기 사이사이에 연결되어 각 장기의 형태나 구조를 지지하거나 보호하는 기능을 한다.
(뼈, 연골, 인대, 힘줄, 교원섬유, 탄력섬유, 혈액, 림프, 지방 등)

3) 근육 조직

인체의 각 부분을 수축, 이완하여 몸의 근육이나 내장기관을 형성하는 조직으로 운동을 담당하고 있다. (골격근, 심근, 내장근)

4) 신경 조직

뇌로부터의 정보를 몸의 각 부분에 전달하는 조직으로 신경세포와 신경교세포로 구성되어 있다.

3. 골격의 형태 및 발생

골격계는 관절로 연결되어 인대, 연골, 뼈로 구성된다.

1) 골(뼈)의 형태

(1) 골막 : 뼈의 외면을 덮고 있는 결합 조직으로 뼈의 굵기에 있어서 성장과 재생 역할

(2) 골조직 : 골막 아랫부분에 있는 조직으로, 뼈의 단단한 부분을 이루는 실질 조직, 해면골(골단의 내면을 이루는 스펀지 모양의 엉성한 조직)과 치밀골(골간을 이루는 견고하고 단단한 부분)로 구성

(3) 골수 : 혈구(적혈구, 백혈구)를 생산하는 곳으로 해면 뼈의 조직과 골수강을 메우는 조직

2) 골(뼈)의 형태에 따른 유형

(1) 장골 : 긴 팔다리(상완골, 요골, 척골, 대퇴골, 경골, 비골)

(2) 단골 : 대부분 넓은 수근골(손목뼈) 족근골(발목뼈)

(3) 편평골 : 비교적 얇고 납작한 모양으로 두개골(머리뼈), 늑골(갈비뼈), 견갑골(어깨뼈)

(4) 불규칙골 : 척추(등뼈)와 관골

3) 골(뼈)의 형성과 성장

뼈대의 성장이 몸의 크기와 몸매를 결정하며, 뼈대의 성장은 수정 후 약 6주가 지난 시점에 약 12mm일 때 시작한다.

(1) 골화 : 뼈가 처음 생성될 때 물렁한 조직이었다가 단단하게 바꾸는 과정 연골 또는 다른 결합 조직들이 뼈로 대체되어 연골속뼈 발생이 시작

(2) 연골성골 : 결합 조직에서 직접 골화되지 않고 연골로 뼈의 원형이 만들어진 후

일부가 골화되는 뼈

(3) 골단연골 : 성장기에 뼈 길이의 성장이 일어나는 곳

(4) 골단 : 연골의 성장이 멈추고 골단판이 완전한 뼈가 되는데 뼈의 끝선, 성인이면 뼈의 성장이 멈춤

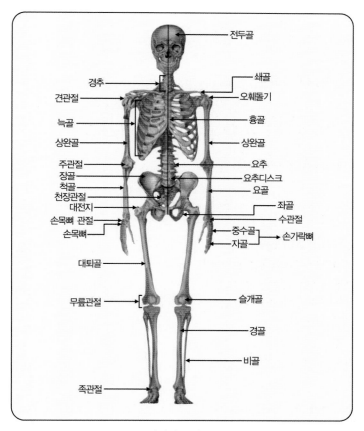

【인체의 골격】

4) 골격(뼈대)의 구조

(1) 인체의 골격 구조는 몸통 뼈대 80개, 팔ㆍ다리 뼈대 126개로, 총 206개의 뼈로 구성되어 있고, 인체에서 치아를 제외하고 가장 단단함

(2) 우리 몸에는 1/3은 유기질, 2/3는 무기질

5) 골격의 기능

(1) 지지작용 : 몸의 형태를 구성하고 지탱
(2) 지렛대 역할 : 근육이 부착되어 인체의 움직임을 유발
(3) 보호작용 : 몸 내부의 여러 가지 기관과 구조를 보호
(4) 혈액세포 생산 : 적혈구 속의 여러 가지 혈액세포를 생산
(5) 무기물질의 저장 : 칼슘, 인산염, 마그네슘, 소디움 등 광물질 저장

6) 뼈의 구조

(1) 연골 : 뼈와 뼈 사이를 연결한 관절에 완충작용
(2) 인대 : 뼈를 지탱하고 불필요한 운동이 일어나는 것을 제한
(3) 윤활액 : 관절의 마찰을 적게 하는 윤활유 역할과 관절에 영양을 제공

7) 관절(joint) - 두 개 이상의 뼈가 만나는 곳

(1) 경첩관절 : 하나의 축을 중심으로 굽힘과 펴짐 두 가지 운동만 하는 관절(팔꿈치,
　　무릎, 손가락 등)
(2) 차축관절 : 차축을 중심으로 고리가 움직이는 관절(목)
(3) 구상관절(절구관절) : 절구 모양으로 속이 비어 있는 곳에 뼈가 둥그렇게 들어가
　　있어 운동이 자유롭게 일어나는 관절(어깨, 엉덩이)
(4) 활주관절 : 미끄러지듯 활주만 할 수 있는 관절(손목, 발목)

4. 상지골과 하지골

1) 상지골(팔과 손의 뼈, 64개)

(1) 쇄골 : S자 모양으로 흉곽의 윗부분에 위치, 흉곽과 견갑골을 연결(2개)

(2) 견갑골 : 역삼각형 모양으로 등 위쪽 양 가장자리에 위치(2개)

(3) 상완골 : 팔 윗부분에 위치, 팔의 뼈 중에서 가장 긴 뼈(2개)

(4) 척골 : 팔의 아랫부분 내측에 위치, 소지로 연결되는 큰 뼈(2개)

(5) 요골 : 팔의 아랫부분 외측에 위치, 엄지로 연결되는 작은 뼈(2개)

(6) 수근골(손목뼈) : 손목에 위치, 8개의 불규칙한 뼈(16개)

(7) 중수골(손등뼈) : 손바닥에 위치, 5개의 길고 가느다란 뼈(10개)

(8) 수지골(손가락뼈) : 손가락 마디에 위치, 14개의 뼈(28개)

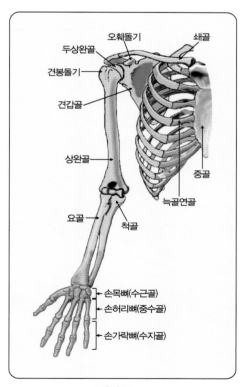

【상지골】

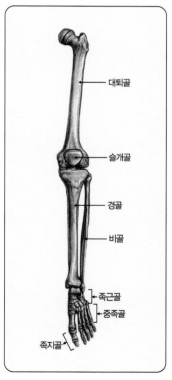

【하지골】

2) 하지골(다리와 발의 뼈, 62개)

(1) 관골 : 대퇴골과 이어져 있는 크고 불규칙한 뼈로 좌골과 치골로 구성(2개)

(2) 대퇴골 : 인체에서 가장 크고 긴 뼈(2개)

(3) 슬개골 : 무릎 앞을 덮는 납작한 삼각형의 뼈(2개)

(4) 경골 : 종아리 내측에 위치, 엄지로 연결되는 큰 뼈(2개)

(5) 비골 : 종아리 외측에 위치, 소지로 연결되는 작은 뼈(2개)

(6) 족근골(발목뼈) : 발목에 위치, 7개의 뼈(14개)

(7) 중족골(발등뼈) : 발바닥에 위치, 5개의 길고 가느다란 뼈(10개)

(8) 족지골(발가락뼈) : 발가락 마디에 위치, 14개 뼈(28개)

5. 손과 발의 뼈대(골격)

1) 손뼈의 구조

(1) 손뼈 : 27쌍 54개

(2) 손목뼈(수근골) : 8개 주상골(손배뼈), 월상골(반달뼈), 삼각골(세모뼈), 두상골(콩알뼈), 대능형골(큰마름뼈), 소능형골(작은 마름뼈), 유두골(알머리뼈), 유구골(갈고리뼈)

(3) 손허리뼈(중수골) : 5개

(4) 손가락뼈(수지골) : 모두 14개

- 엄지손가락 : 2개(기절골, 말절골)

- 나머지 손가락 : 3개(기절골, 중절골, 말절골)씩 12개

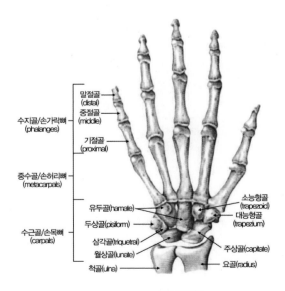

【손의 뼈】

2) 발뼈의 구조

(1) 발의 뼈 : 26쌍 52개

(2) 발목뼈(족근골) : 7개

• 몸쪽발목뼈(3개) : 거골
(목말뼈), 종골(발꿈치뼈),
주상골(발배뼈)

• 몸바깥족발목뼈(4개) : 입
방골(입방뼈), 설상골(쐐
기뼈) 3개

(3) 발허리뼈(중족골) : 5개

(4) 발가락뼈(족지골) : 모두 14개

• 엄지발가락 : 2개

• 나머지 발가락 : 3개씩 총12개

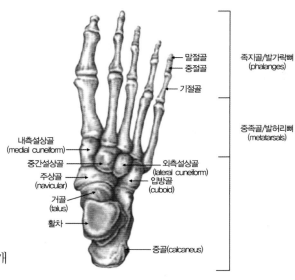

말절골
중절골
기절골
족지골/발가락뼈
(phalanges)

중족골/발허리뼈
(metatarsals)

내측설상골
(medial cuneiform)
중간설상골
주상골
(navicular)
거골
(talus)
활차

외측설상골
(lateral cuneiform)
입방골
(cuboid)

종골(calcaneus)

【발의 뼈】

T I P 손가락의 명칭

첫째 손가락	엄지	1지	Thumb Finger
둘째 손가락	검지	2지	Point(Index) Finger
셋째 손가락	중지	3지	Middle Finger
넷째 손가락	약지	4지	Ring Finger
다섯째 손가락	소지	5지	Pinky(little) Finger

6. 근육의 형태 및 기능

근육이란 몸의 운동을 담당하는 조직으로 혈관, 신경, 근막, 힘줄 등을 말한다.

1) 근육의 기능

신체 유지, 에너지 열 생산, 체온 유지, 자세 유지, 호흡 운동, 음식물 이동, 혈관 수축 등

2) 근육의 종류

(1) 골격근(가로무늬근, 횡문근) : 자신의 의지대로 움직일 수 있는 수의근(얼굴, 팔, 다리)

(2) 내장근(민무늬근, 평활근) : 자율신경의 지배를 받는 불수의근(위, 장, 혈관, 자궁, 소화관, 수뇨관, 방광, 요도)

(3) 심장근 : 자신의 의지에 관계없이 자율신경의 지배를 받는 불수의근(심장 근육층에만 분포)

3) 상지의 근육(팔과 손)

(1) 팔의 근육

① 삼각근 : 어깨 관절을 덮는 삼각형 근육, 팔을 올리거나 돌리게 하는 작용

② 상완이두근(이두근) : 상완 앞부분에 위치, 팔(꿈치)을 구부리고 손바닥을 위로 향하게 하는 작용

③ 상완삼두근(삼두근) : 상완 뒷부분에 위치, 팔(꿈치)을 펴게 하는 작용

(2) 전완 근육

① 회내근(엎침근) : 손을 안쪽으로 돌려 손등이 위로 향하게 하는 작용

② 회외근(뒤침근) : 손을 바깥쪽으로 돌려 손바닥이 위로 향하게 하는 작용

③ 신근(폄근) : 손등 근육으로 손목과 손가락을 펴게 하는 작용

④ 굴근 : 손바닥 근육으로 손목과 손가락을 구부리게 하는 작용엄지두덩근(무지구근), 새끼두덩근(소지구근), 중간근으로 구성

(3) 손의 근육

① 외전근(벌림근) : 손가락을 벌어지게 하는 작용

② 내전근(모음근) : 손가락을 붙이는 작용

③ 대립근(맞섬근) : 엄지손가락을 손바닥 쪽으로 향하게 하여 물건을 잡을 때 작용

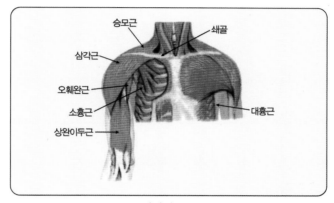

【상완의 근육】

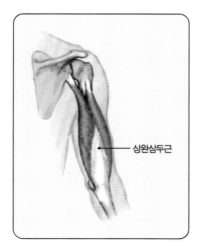
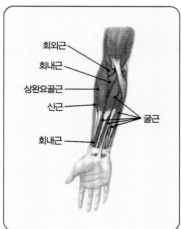

【전완의 근육】

4) 하지의 근육(다리와 발)

(1) 다리의 근육

① 장골근 : 대퇴골을 앞쪽으로 들어 올리는 골반 주변에 있는 근육

② 전경골근 : 발을 등쪽과 안쪽으로 굽히는데 작용

③ 후경골근 : 발을 바닥 쪽과 안쪽으로 굽히는 작용

④ 장지신근 : 발을 등쪽으로 굽혀 둘째 발가락부터 넷째 발가락을 펴는데 작용

⑤ 장지굴근 : 발이 바닥에 닿을 때 둘째 발가락부터 넷째 발가락을 굽히는데 작용

⑥ 장비골근 : 발을 땅에서 뗄 때와 걸을 때 작용

⑦ 단비골근 : 발을 굽히거나 바깥쪽으로 젖힐 때 작용

⑧ 비복근(장딴지근) : 종아리를 굽히는데 작용

⑨ 슬와근 : 서 있는 자세를 유지할 때 작용

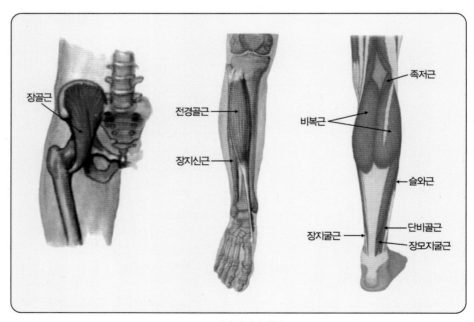

【하지의 근육】

05. 피부학

NCS 능력단위 명칭	NCS 능력단위 요소
네일 기본 관리 1201010403_14v2	큐티클 정리하기/1201010403_14v2.2 보습제 바르기/1201010403_14v2.4

1. 피부와 피부 부속기관

1) 피부 구조 및 기능

피부는 신체를 둘러싸고 있는 하나의 막으로 되어 있다. 피부의 표면적은 개인에 따라 약간씩 차이는 있지만 남자는 약 $1.6m^2$이고 여자는 약 $1.4m^2$로 두께는 2~2.2mm이다. 보통 성인의 피부는 전체의 약 16%를 차지(3kg 정도)한다. 표면은 소릉과 소구가 교차하여 있고 소릉은 물건을 잡을 때 미끄럼을 막기 때문에 마찰층이라고 한다. 피하조직을 제외한 두께는 약 1.4mm 정도인데 신체 부위 중 가장 얇은 곳은 눈꺼풀(0.05mm)이며 가장 두터운 곳은 손바닥과 발바닥(5mm)이다. 피부는 외부의 환경으로부터 몸을 보호한다.

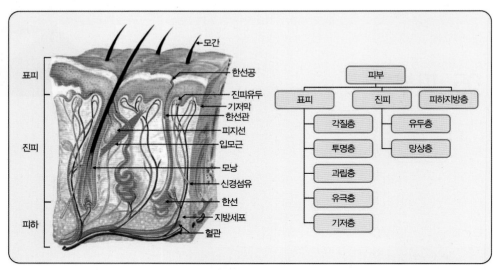

【피부의 구조】

- 피부는 표피, 진피, 피하지방으로 구분
- 성인의 피부 : 신체 무게 16% 차지, 펼쳐 놓았을 때 1.6m² 정도 됨
- 구성 성분 : 수분, 지방, 단백질 및 무기질(피부조직의 생리현상과 관계)
- 피부 표면 : 소릉과 소구로 구성

(1) 표피(Epidermis)

① 각질층, 투명층, 과립층, 유극층, 기저층으로 구분
② 표피의 세포 구성 : 각질형성세포(keratinocyte)와 색소형성세포(melanocyte), 랑게르한스세포(면역 담당), 머켈세포(촉각 담당)가 존재
　→ 각질형성세포는 각질층, 과립층, 유극층, 기저층으로 이루어짐
③ 두께가 0.03~1mm의 얇은 조직으로 안검부가 가장 얇은 곳이며, 손바닥과 발바닥이 가장 두꺼운 곳

〈표피의 주요 기능〉

구조	주요기능
각질층 (피부의 가장 바깥층)	• 비늘 모양으로 얇고 단단한 각질로 형성된 각화된 죽은 세포로 구성(대략 10~20층, 수분 15%) • 주성분 : 케라틴(단백질), 지방, 수용액, 수분, 천연 보습인자(NMF) • 각질화 과정 : 각질세포는 외부의 자극으로부터 피부를 보호하며, 세포가 형성된 후 약 28일이 경과하면 피부로부터 자연적으로 떨어져 나감(각화 현상) • 세라마이드가 40% 이상 함유
투명층	• 손바닥과 발바닥에 분포 • 엘라이딘 반유동성 단백질을 함유하여 투명하게 보임 • 수분이 흡수되는 것을 방지, 피부의 윤기와 햇빛을 차단하는 역할 • 세포핵 없음(생명력이 없는 상태의 무색·무취)
과립층 (각질화 과정 시작)	• 1~4겹의 납작한 가로 방추형의 세포층, 각질화 1단계 • 케라토히알린 과립(각질효소) 함유-피부가 맑게 보이고 표피 손상 복구 • 레인 방어막 역할(수분 증발 저지막)- 외부 압력 방어 • 자외선 80%가 흡수 • 세포핵 없음
유극층 (표피의 대부분 차지)	• 표피의 가장 두꺼운 층으로 약 5~10층의 유극 세포층 • 세포의 표면에는 가시 모양의 돌기가 있음(유극돌기) • 피부의 혈액 순환과 기저층의 영양 공급에 관여 • 랑게르한스세포가 외부 이물질 침입을 방어하는 면역 체계를 형성 • 수분이 비교적 많은 층으로 마사지 효과를 볼 수 있는 층 • 노폐물 및 물질교환이 이루어짐 • 유핵세포(세포핵 있음)

기저층 (표피의 가장 아래층에 존재)	• 진피와 경계를 이루는 물결 모양(요철 모양이 깊고 많을수록 젊고 탄력성 있음) • 세포 분열로 새로운 세포 생성-진피의 혈관과 림프관을 통하여 영양 공급 • 진피층의 모세혈관으로부터 영양 공급을 받음 • 멜라닌형성세포(멜라노사이트)가 존재하여 피부색과 모발색을 결정 • 표피 발생의 근원지로 기저층을 다치면 흉터가 생김 • 머켈세포 존재(피부의 가장 기본적인 촉각 수용체) • 유핵세포(세포핵 있음)

(2) 진피(Dermis)

① 진피는 유두층과 망상층으로 구성

② 두께는 약 2~3mm

③ 주성분은 콜라겐, 엘라스틴, 점액성 다당류

④ 피부 탄력 관여, 피부 주름 생성에 중요한 역할

구 조	주요 기능
유두층	• 결합 조직, 진피의 10~20% 차지 • 신경 전달, 촉각과 통각이 위치, 방추형 돌기 모양 • 모세혈관이 많아 기저층에 영양분 공급 • 표피의 건강 상태를 좌우 • 수분이 많아 피부 표면의 온도 조절(감각 수용기)
망상층	• 그물 모양의 결합 조직으로 구성, 진피의 80% 이상을 차지 • 섬유아세포가 함유되어 콜라겐(교원섬유), 엘라스틴(탄력섬유)을 생산 • 콜라겐과 엘라스틴의 섬유로 탄력성, 팽창성, 피부의 반사작용에 관여 • 압각, 한각, 온각이 존재 • 피부가 수축하면 털이 서기 때문에 입모근(털서기 살)이 있음 • 촘촘하게 연결되어 있던 조직이 느슨해지면 노화 진행

〈망상층 구성 성분〉

구성 성분	역할
교원섬유 (콜라겐)	• 피부의 결합 조직, 상처 치유 역할 • 진피 주성분(90%), 아교질 섬유성 단백질로 탄력성과 유연성을 유지 • 자외선으로부터 피부 보호 및 주름을 예방하는 수분 보유원으로 물리적ㆍ화학적 자극으로부터 방어작용 • 아교섬유(백색섬유)로 섬유아세포에서 생성
탄력섬유 (엘라스틴)	• 진피 성분의 2~3% 차지 • 탄력성을 결정 짓는 중요한 요소 • 굴절성과 신축성이 강하여 1.5배까지 늘어나며 피부 파열을 방지 • 섬유아세포에 의해 생성
기질 (무코 다당류)	• 진피의 결합섬유를 채우고 있는 물질(진피의 0.1~0.2% 차지) • 결합 조직 사이에 위치 • 콜라겐과 엘라스틴 사이의 공간을 채우는 젤리형 물질 • 히아루론산(피부 면역성 증대, 세포 분열 촉진), 보습 효과, 유연 효과 • 진피 내의 세포들 사이 점액성의 당 단백질 기질 • 수분 보유력 친수성 다당체로 물에 녹아 있는 점액의 형태 • 다른 조직을 지지하고 결체 조직 대사와 염분, 수분에 관여
섬유아세포	• 결합 조직 내 분포 • 납작하고 불규칙한 모양을 하며 백색 또는 황색 섬유를 분비 • 콜라겐, 엘라스틴 섬유를 산출하는 세포로 유연한 결합 조직

(3) 피하 조직(피부의 가장 아래층)

구 조	역 할
피하 조직	• 피부의 맨 아래층에 분포, 그물 모양으로 느슨한 결합 조직 • 진피와 근육과 뼈 사이에 위치하여 지방을 다량 함유 • 지방세포는 피하 조직을 생산 • 영양분 저장소, 에너지 발생(체온 조절, 탄력 유지) • 여성호르몬으로 남성보다 여성이 더 발달(신체 곡선미 관여) • 쿠션 같은 역할로 외부 충격을 흡수하여 신체 내부를 보호(뼈와 근육 보호) • 피하 조직이 두꺼워지면 셀룰라이트(Cellulite)가 생성 • 성별, 나이, 신체 부위 등에 따라 차이

(4) 피부의 반응(PH)

① 수소이온농도지수 : Percentage of Hydrogen

② 분비한 땀과 지방이 혼합하여 피부를 덮고 있는 피부 표면의 지방막

③ 피부 표면에 증류수 소량을 첨가하여 그 액을 pH미터로 측정

④ 인종, 성별, 연령, 인체 부위에 따라 각기 다르다.

⑤ 정상 피부의 pH 4.5~6.5(약산성)

⑥ 피부의 pH 값은 0~14까지이며, 척도로 규정(산성 〈 PH7 〈 알칼리성)

(피부 pH도 스펙트럼)

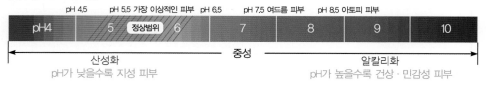

> **TIP** 사람의 피부가 약산성인 이유?
>
> 인체의 첫 번째 보호막 역할을 하는 피부는 외부 환경과 접촉하는 첫 단계로 피부에 침투하는 미생물(세균, 박테리아), 모낭충 등이 알칼리성이므로 이를 막기 위함이다.
> 건강한 피부는 약산성(4.4~5.5), 건강하지 못한 피부는 알칼리성을 띤다.

(5) 피부의 생리 기능

기 능	설 명
보호 기능	물리적 화학적, 태양광선 등 외부의 압력이나 충격으로부터 보호 체온 조절, 수분 증발 억제, 피부 표면의 산성막은 세균(박테리아의 감염) · 미생물 번식 억제(pH 4.5~6.5), 병원체 침입을 막아 몸을 보호
저장 기능	피하 조직에서 각종 영양분과 수분 보유, 혈액 저장
감각(지각) 기능	피부 말초신경에서 촉각, 통각, 냉각, 온각 등 자극을 감지
체온조절 기능	피부의 수축(체온의 발산 방지)과 이완(땀의 분비 촉진)으로 일정한 체온 조절 작용
비타민 D 생성 기능	자외선 영향으로 프로비타민 D를 비타민 D로 전환 및 뼈와 피부의 성장과 재생을 활성화
흡수 기능	외부에서 영양이나 수분을 흡수(피부 표면과 소한선을 통해 흡수), 감지
호흡 기능	모세혈관을 통해 산소와 영양분이 조직 속에 들어와 이산화탄소를 배출
분비 배설 기능	피지선(피지)과 한선(땀)을 통해 인체 내의 독소를 방출
면역 기능	피부 표면의 면역 반응을 통해 생체 방어기전에 관여, 외부의 이물질 침입 막아줌
재생 기능	피부 조직의 상처는 자체 복구 능력에 의해 원피부로 재생되는 기능

2. 피부 부속기관의 구조 및 생리 기능

1) 한선(Sweat Gland, 땀샘)

한선은 체온 조절과 외부로부터 피부를 보호하는 역할을 하는 분비 기관이다. 땀을 분비하는 선은 대체로 온몸에 산재하는데 특히 손바닥과 발바닥에 많다. 소한선(Eccirne Glands)은 보통 물 모양의 땀을 분비하고 체온 조절에 관여한다. 대한선(Apocrins

Glands)은 액와 · 음부 등에 있으며, 분비액 중에 세포편을 조합한다. 땀의 주성분은 수분(99%) · 소금 · 지방 · 요소 · 크레아틴 등이 1% 포함한다. 땀은 pH 3.8~6.5 정도이며 산성막을 형성하여 알칼리를 중화하고 미생물 번식을 억제한다. 땀의 분비량은 수분 섭취량, 체온의 변화, 근육의 활동 상태, 자율신경의 자극 상태에 따라 다르다.

2) 피지선

피지선은 진피층에 위치하며, 모낭선에 연결되어 있어 모낭샘이라도 한다. 나이, 호르몬, 신체적, 정신적 요인 등에 영향을 받아 인체의 외부로 분비된다.

구성	내용
역할	• 피지막 형성, 피부 건조 방지 및 유연, 보호, 체온 저하 방지 • 피지막은 약산성으로 피부 표면 세균 성장 억제
종류	• 큰 피지선(얼굴의 T-존, 목, 등, 가슴) • 작은 피지선(전신) • 독립 피지선(입술, 대음순, 성기, 유두, 귀두)
특징	• 하루 1~2g의 피지 분비 • 얼굴의 T존 부위, 목, 가슴, 등에 주로 분포(손바닥, 발바닥을 제외) • 피부 건조 방지, 피부를 부드럽게 함, 모발 윤기 부여 • 사춘기에 가장 발달(안드로겐 남성호르몬 영향으로 피지선 활성을 높여 줌) • 피지막은 피부의 pH가 약산성으로 유지 외부로부터 알칼리성 물질을 중화시킴 • 주성분 : 트리글리세라이드, 왁스, 스쿠알렌, 콜레스테롤, 콜레스테릴 에스테르가 생성 • 안드로겐(피지의 생성 촉진), 에스트로겐(피지의 분비 억제)

3. 피부 장애와 질환

1) 원발진과 속발진

(1) 원발진

【질병의 초기 병변으로 건강한 피부에서 발생한 변화】

① **반점** : 피부 색조의 변화, 주변 부위와 경계가 있는 색이 다른 반점(주근깨, 기미, 백반, 홍반, 작은 점)

② **면포** : 모공을 피지, 각질, 바이러스 등이 서로 엉겨서 막은 상태(코메도, 여드름 1단계) → 검은 면포는 공기와 접촉하여 지방이 산화되어 생성(2단계)

③ **구진** : 직경 1cm 미만의 속이 단단하고 볼록나온 고름이 있는 병변(여드름 2단계, 사마귀, 뾰루지)

④ **판** : 구진이 커지거나 융합된 넓은 병변

⑤ **결절** : 구진보다 크고 단단하며 피부 깊숙이 딱딱한 덩어리가 만져지고 표면에 솟아 제거도 힘들고 흉터가 생기고, 구진과 종양의 중간 염증으로 구진이 서로 엉겨서 큰 형태를 이룸(여드름 4단계, 섬유종, 황색종)

⑥ **종양** : 직경 2cm 이상의 혹처럼 큰 결절의 피부 증식물로 악성과 양성으로 구분

⑦ **팽진** : 가렵고 부어서 넓적하게 불규칙적으로 올라오는 일시적 부종(두드러기)

⑧ **대수포** : 소수포보다 큰 직경 1cm 이상의 물집, 흉터 생김(천포창, 전염성 농가진)

⑨ **소수포** : 0.5cm 미만의 액체가 함유되어 있는 융기된 병변(화상물집)

⑩ **농포** : 1cm 미만이며 농을 포함한 융기된 병변(농이 들어 있고 볼록 나온 병변)

⑪ **낭포(낭종, Cysts)** : 액체나 반고형 물질로 표면이 융기되어 진피와 피하지방층까지 침범하여 통증을 유발하고 흉터가 생김(4단계에서 생성되어 여드름의 가장 심각한 마지막 단계)

⑫ **헤르페스** : 바이러스성 질환으로 1형과 2형으로 나뉘며 입술, 피부, 뇌 등에 나타남

⑬ **비립종** : 면포와 달리 나오는 구멍이 없어 흰 알갱이가 표피에 들어 있는 것

⑭ **두드러기** : 담마진이라고도 하며 불규칙한 모양으로 융기됨, 팽팽하게 넓게 퍼져 있음

(2) 속발진(Secondary Lesion)

【원발진에서 진전된 것으로 여러 요인에 의해 2차적인 증상으로 변화된 병변】

① **인설(Scale, 비듬)** : 피부 각질세포가 가루 모양으로 떨어지거나 비듬 모양의 덩어리
② **가피(Crust, 딱지)** : 염증의 분비물(혈청, 진물, 혈액)이 말라붙은 딱지가 된 병변
③ **찰상** : 소양감(간지러움)으로 긁어 생긴 병변, 외상이나 지속적 마찰, 손톱으로 긁힘 등에 의한 표피가 벗겨진 손상, 흉터 없이 치유된다.
④ **미란** : 표피가 떨어져 나간 병변, 흉터 없이 치유된다.
⑤ **궤양** : 표피와 함께 진피까지 염증(고름이나 출혈)으로 피부가 손상되어 색이 변하고 피부에 흉터가 생김
⑥ **반흔(Cicatrix, 상흔)** : 진피의 손상이 새로운 결체 조직의 증식으로 생긴 흉터
⑦ **균열** : 질병이나 외상에 의해 피부가 갈라진 상태로 출혈과 통증이 동반(무좀)
⑧ **켈로이드** : 진피의 콜라겐이 과다 생성되어 굵고 크게 흉터가 표면 위로 융기한 흔적
⑨ **태선화** : 장기간에 걸쳐 반복하여 긁거나 비벼서 표피가 건조하고 가죽처럼 두꺼워지는 현상(아토피성 피부)
⑩ **위축** : 진피의 세포와 성분 감소로 피부가 얇아진 상태

06. 네일의 개념과 병변

NCS 능력단위 명칭	NCS 능력단위 요소
네일 화장물 제거 1201010402_14v2	파일 사용하기/1201010402_14v2.1 용매제 사용하기/1201010402_14v2.2 제거 마무리하기/1201010402_14v2.3
네일 기본 관리 1201010403_14v2	프리에지 모양 만들기/1201010403_14v2.1 큐티클 정리하기/1201010403_14v2.2
네일 팁 1201010404_14v2	네일 전 처리하기/1201010404_14v2.1 네일 팁 표면 정리하기/1201010404_14v2.3 마무리하기/1201010404_14v2.5
네일 랩 1201010405_14v2	네일 전 처리하기/1201010405_14v2.1 마무리하기/1201010405_14v2.4
젤 네일 1201010406_14v2	네일 전 처리하기1201010406_14v2.1 네일 폼 적용하기/1201010406_14v2.2 젤 적용하기/1201010406_14v2.3 마무리하기/1201010406_14v2.4
아크릴릭 네일 1201010407_14v2	네일 전 처리하기/1201010407_14v2.1 네일 폼 적용하기/1201010407_14v2.2 아크릴릭 적용하기/1201010407_14v2.3 마무리하기/1201010407_14v2.4

1. 네일의 구조와 이해

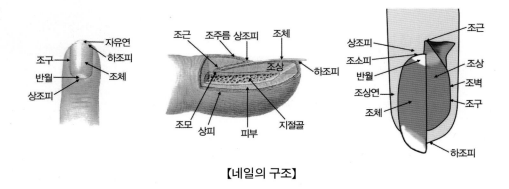

【네일의 구조】

1) 네일(손톱) 자체

(1) **네일 보디(nail body/nail plate/조체)** : 손톱의 본체로서 조판(nail plate)이라고도 한다. 아미노산, 시스테인이 많이 포함되어 있으며 죽은 각질 세포로 구성되어 아랫부분은 연약하며 윗부분으로 갈수록 강하다. 신경이나 혈관이 없으며 산소를 필요로 하지 않는다.

(2) **네일 루트(nail root/조근)** : 손톱이 자라기 시작하는 피부 밑에 묻혀 있는 손톱의 뿌리이며 손톱의 세포를 형성하는 곳이다. 네일 베드의 모세혈관으로부터 산소를 공급받는다.

(3) **프리에지(free edge/자유연)** : 손톱의 끝 부분으로 조상(nail bed) 없이 자라 나와 잘라내는 부분이다.

2) 네일(손톱) 밑

(1) **네일 베드(nail bed/조상)** : 조체를 받쳐주는 판이며 손톱의 신진대사와 수분 공급의 역할을 한다.

(2) **네일 메트릭스(nail matrix/조모)** : 조근 밑에 위치하여 손톱의 각질세포 생성과 성장을 관여하고 혈관, 신경, 림프관이 있어 조모가 손상되면 손톱이 비정상적으로 자

란다.

(3) **루눌라(nail lunula/반월)** : 하얀 반달 모양으로 완전히 케라틴화 되지 않은 미완성된 손톱이다.

3) 네일(손톱) 주위의 피부

(1) **큐티클(cuticle/조소피)** : 손톱의 주위를 덮는 피부이며 미생물과 병균의 침입을 막아 준다.

(2) **네일 폴드(nail fold/nail mantle/조주름)** : 조근(nail root)이 묻혀 있고 손톱 베이스에 피부가 깊이 접혀 있는 부분이다.

(3) **네일 그루브(nail grooves/조구)** : 조상(nail bed)의 양 측면에 패인 곳을 말한다.

(4) **네일 월(nail wall/조벽)** : 조구 위에 있는 손톱의 양 측면 피부를 말한다.

(5) **에포니키움(eponychium/상조피)** : 큐티클 바로 위 피부로 새로 자란 네일 보디 바로 위에 붙은 피부이며, 강한 퓨서나 큐티클니퍼로 바짝 자를 경우 상조피를 손상시킬 수 있다.

(6) **페리오니키움(perionychium/조상연)** : 손톱 전체를 둘러싼 피부의 가장자리를 말한다.

(7) **하이포니키움(hyponihium/하조피)** : 프리에지 밑 부분의 피부이다. (박테리아의 침입으로부터 손톱 보호)

2. 네일의 특성과 형태

1) 손톱의 기능

(1) 손끝을 보호하는 역할
(2) 손에 힘을 주어 물건을 잡고, 들어 올리고, 긁을 때 사용
(3) 방어와 공격의 기능
(4) 장식적인 기능

2) 손톱의 성장

(1) 손톱의 성장은 조모(matrix)에서 시작되며, 조근은 손톱의 심장부이다.

(2) 조모(matrix)에 위험이 가해지면 기형 및 성장이 멈추기도 한다.

(3) 손톱은 하루 약 0.1~0.15mm 정도 자라며, 한 달에 약 3~5mm 정도 자란다.

(4) 나이, 건강 상태에 따라 다르고 완전히 자라는데 약 4~6개월 걸린다.

(5) 손톱은 나이가 젊거나, 날씨가 따뜻하거나, 임신한 경우에 빠르게 자란다.

(6) 중지손톱이 가장 빨리, 엄지손톱이 가장 늦게 성장한다.(왼손잡이는 왼손의 손톱이 빨리 자란다.)

(7) 발톱은 손톱의 1/2 정도의 속도로 성장한다.

3) 손톱의 특성

(1) 손톱은 아미노산과 시스테인이 많이 포함되어 있다.

(2) 수분은 15~18%를 함유하고 있다.

(3) 손톱의 경도는 수분, 단백질, 케라틴 조성에 따라 다르다.

(4) 손톱의 모양은 사람에 따라 다르고, 물리적 성질도 다르다.

(5) 조체(nail body)는 산소를 필요하지 않으나, 조모와 조소피는 산소를 필요로 한다.

(6) 조상(nail bed)의 모세혈관으로부터 산소를 공급받는다.

(7) 손톱은 단백질로 구성되어 있으나 비타민과 미네랄이 부족하면 이상 현상이 생긴다.

(8) 손톱은 3개의 층으로 되어 있으며 표피의 각질층과 투명층의 반투명 각질 판으로 되어 있다.

4) 건강한 손톱

(1) 손톱이 조상(nail bed)에 강하게 부착되어야 한다.

(2) 둥근 아치 모양을 형성해야 한다.

(3) 연한 핑크빛을 띠며 매끄럽고 광택이 나야 한다.

(4) 수분은 15~18%를 함유하여 탄력이 있고 유연해야 한다.

(5) 세균 등에 감염이 되지 않고 단단하여야 한다.

2. 네일의 병변

1) 시술이 가능한 손톱

(1) 퍼로우(furrow, corrugaitons : 고랑 파진 손톱)

- 손톱 표면에 가로나 세로로 골이 패인 것
- 철제 푸셔 사용을 피하고 필러(filler)를 사용하여 홈을 메움
  - 가로 홈 : 순환계 이상, 동상, 알코올 중독 등의 원인
  - 세로 홈 : 고열, 아연 결핍, 위장 장애, 영양 실조, 고열, 임신, 홍역 등의 원인

(2) 행네일(hangnails : 거스러미 손톱)

- 큐티클 주위의 살이 너무 건조하여 거스러미가 일어나는 현상
- 핫 크림 매니큐어나 파라핀 매니큐어(보습 처리)

(3) 에그셸 네일(aggshell nail : 계란 껍질 손톱)

- 손톱이 희고 얇으며 프리에지가 휘어지는 손톱
- 영양 상태 불균형, 내과적 질병, 신경계통 이상이 원인
- 단백질, 칼슘, 비타민이 함유된 음식을 섭취
- 푸셔와 파일은 조심스럽게 사용

(4) 변색된 손톱(discolored nails)

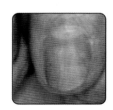

- 손톱이 황색, 푸른색, 검푸른색, 자색 등으로 변하는 것
- 베이스 코트를 바르지 않고 유색 에나멜을 발랐을 때
- 빈혈, 혈액 순환, 심장이 좋지 않은 상태 등이 원인

- 20볼륨(volume)의 과산화수소를 이용하여 표백

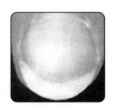

(5) 무른 손톱(brittle nail syndrome)

- 손톱이 얇아져서 손톱 끝이 깨지거나 벗겨지는 손톱
- 영양 실조, 신체의 노화, 질병 등이 원인
- 손톱 보강제를 사용하면 효과적

(6) 멍든 손톱/혈종(bruised nails/hematoma)

- 조상(nail bed)에 외부로부터 충격으로 손상되어 혈액이 응고 된 상태
- 조모(matrix)가 손상되지 않았다면 약 1개월 후 손톱이 새로 자라 나온다.
- 인조네일 시술은 손톱이 떨어질 수 있으므로, 짙은 색 폴리시 를 발라 커버

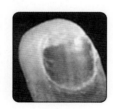

(7) 니버스(nevus : 모반, 점)

- 손톱 표면에 멜라닌 색소 침착으로 밤색, 검은색으로 얼룩이 생기는 손톱
- 손톱이 자라면서 소멸
- 인조 네일이나 짙은 폴리시를 발라 커버

(8) 테리지움(pterygium : 표피조막, 조갑익상편)

- 큐티클의 과잉 성장으로 손톱 표면을 덮는 상태
- 파라핀 매니큐어, 핫 로션(오일) 매니큐어로 시술 가능

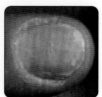

(9) 오니코파지(onychophagy : 교조증)

- 불안, 초조, 스트레스로 습관적으로 손톱을 물어뜯는 현상
- 인조 손톱, 아크릴릭, 젤로 시술 가능

(10) 스푼형 조갑(koilonychia)

- 손톱이 숟가락 모양으로 함몰된 상태
- 철결핍성 빈혈, 강한 산·알칼리성 세제, 건선, 갑상선 기능 장애 등이 원인
- 아크릴릭, 젤로 시술 가능

(11) 오니코크립토시스(onychocryptosis/ingrown nail : 조내생증)

- 손톱이나 발톱이 조구로 파고들어 가는 현상
- 부적절한 파일링, 작은 신발로 발톱에 압박을 주어 발생
- 네일 모양은 스퀘어로 시술

(12) 오니콕시스(onychauxis/hypertrophy : 조갑비대증)

- 손톱 끝이 과잉 성장으로 두껍게 자라는 현상
- 유전, 질병 등이 원인
- 부드러운 파일로 파일링

(13) 오니코아트로피(onychatrophia/atrophy : 조갑위축증)

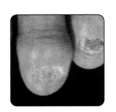

- 손톱이 윤기가 없고 부서져 떨어져 나가는 현상
- 조모 손상, 내과적 질환, 강한 푸서, 강한 알칼리성 세제 등이 원인

(14) 오니코렉시스(onychorrhexis : 조갑종렬증)

- 손톱이 세로로 갈라지고 부서지며 세로로 골이 파지는 현상
- 강한 알칼리성 세제, 리무버, 솔벤트를 과다 사용 시 발생
- 갑상선기능항진증 등이 원인

(15) 루코니키아(leuconychia/white spot : 조백반증/백색반점)

- 손톱에 하얀 반점이 생기는 현상

- 손톱이 자라면 잘라내고 폴리시를 바르면 커버됨

(16) 무조증(anonychia)

- 선천성 발육부전증이나 심한 감염 등이 원인
- 조체 결여증이며, 조체가 선천적으로 결여되는 현상
- 스티브 존슨 증후군의 후유증으로도 영구적 조갑 탈락이 발생

2) 시술이 불가능한 이상 손톱

(1) 파로니키아(paronychia : 조갑주위염)

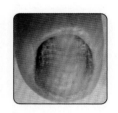

- 손톱 주위의 박테리아에 감염되어 붉게 부풀어 오르고 살이 물러지거나 염증과 고름을 동반 상태
- 비위생적인 도구 사용, 큐티클을 많이 잘라낼 때 발생

(2) 오니코마이코시스(onychomycosis : 조갑진균증)

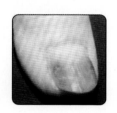

- 진균에 의해 불균형적으로 얇아지고 일부분이 떨어져 나가기도 함
- 손톱이 변색되거나 두꺼워지고 울퉁불퉁해짐
- 자유연으로 감염되어 조근으로 퍼져 비정상적인 각화로 과립이 지속적 생김

(3) 오니코그라이포시스(onychogryphosis : 조갑구만증)

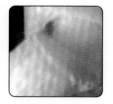

- 손톱, 발톱이 두꺼워지고 구부러지는 현상

(4) 몰드(mold : 곰팡이균류/사상균증/백선)

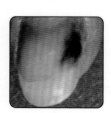

- 펑거스의 일종으로 자연 손톱과 인조 손톱 사이로 습기가 스며들어 진균염증(곰팡이)이 생김
- 누런색 → 황록색 → 청록색 → 검은색의 순서로 변하고 약해

지는 현상

■ 펑거스(Fungus, 버섯균류/진균/백선)
- 식물에 기생하는 일반적인 용어로 백선이라 불림
- 큐티클이 지저분하여 발생하는 경우로 네일 몰드와 같은 진균 염증 곰팡이
- 색이 변하고 물렁해지며 냄새가 나고 손톱이 빠질 수 있음

(5) 파이로제닉 그래뉴로마(pygenic granuloma : 화농성 육아종)

- 심한 염증 상태로 손톱 주위에 붉은 살이 자라 나옴

(6) 오니코리시스(onycholysis : 조갑박리증)

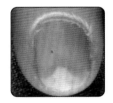

- 조체(네일 보디)와 조상(네일 베드) 사이에 틈이 생겨 분리되어 들뜨는 현상
- 세균 감염, 외상, 내과적 질병으로 인한 특정 약물 치료로 많이 발생

(7) 오니키아(onychia : 조갑염)

- 손톱에 염증이 생겨서 붉어지며 붓고 고름이 생기는 현상
- 소독하지 않은 비위생적 도구를 사용했을 때 발생

07. 네일 미용 기기 및 재료

NCS 능력단위 명칭	NCS 능력단위 요소
네일 기본 관리 1201010403_14v2	큐티클 정리하기/1201010403_14v2.2 컬러링/1201010403_14v2.3

1. 네일 기기

1) 매니큐어 테이블

(1) 고객과 네일 아티스트의 간격이 너무 멀지 않도록 하며, 거리는 45cm가 적당하다.

(2) 글루나 리무버 등의 화학제품에 손상이 되지 않고 청소가 용이한 테이블이어야
한다.

2) 시술용 의자

바퀴가 부착되어 있는 의자가 시술하기 편리하며, 네일 제품에 손상이 되지 않는 것
이어야 한다.

3) 고객 의자

시술용 의자와 같은 것으로, 팔걸이가 있는 것이 고객에게 편안함을 제공할 수 있다.

4) 램프

(1) 매니큐어 테이블 위에 비치되어 높이 조절이 가능하여야 하며 40W 이상이어야 한다.
(2) 백열전구보다는 형광등이 편리하며 LED도 효과적이다.

5) 재료 받침대

테이블 위에 네일 시술에 사용되는 도구와 재료 등을 얹어 놓는 받침대이다.

6) 핑거볼(Finger bowl)

습식 매니큐어 시술 시 큐티클을 유연하게 불리기 위해서 사용하는 용기이다. 비눗물을 풀어서 사용하기도 한다.

7) 솜 용기(Cotton bowl)

솜을 깨끗하게 보관하기 위한 용기로, 반드시 뚜껑이 있어야 한다.

8) 소독 용기(Sanitizer)

네일 도구의 소독을 위한 액체 소독제를 담아두는 용기로, 반드시 뚜껑이 있는 것을 사용해야 한다.

9) 자외선 소독기(Sterilizer)

네일 도구의 소독이나 살균을 위한 기구이다.

10) 디스펜서(Dispenser)

리무버를 담아 사용하기에 편리한 펌프식 용기이다.

11) 디펜 디시(Dappen dishes)

아크릴릭 리퀴드와 브러시 클리너를 덜어서 사용하는 용기이다.

12) 에나멜 드라이어

에나멜을 신속히 건조시키기 위한 전기 기구이다.

13) 페디 스파기

고객이 페디큐어를 편안하게 앉아서 시술받을 수 있는 의자로, 등받이는 진동을 주어 근육을 풀어서 피로를 풀어주고, 발 담그는 스파에는 바이브레이션 기능이 가동되어 발의 혈액 순환을 돕고 피로를 풀어주는 기능이 있다.

14) 각탕기

페디큐어를 시술하거나 발 마사지할 때 발의 피로를 풀어주는 기구로, 페디 스파기보다는 효과가 적지만 셀프 케어로 쇼핑몰에서 판매되어 집에서도 활용이 가능하다.

15) 파라핀 워머(Paraffin warmer)

(1) 건조한 손을 관리할 때 파라핀을 데워 사용하는 전기 기구이다.
(2) 손, 발이 저리거나, 혈액 순환이 안 될 때, 손(발)목, 손(발)가락 등의 관절에 무리가 왔을 때도 사용하면 효과적이다.

16) 젤 라이트기(gel light lamp)

UV 젤의 광중합을 돕는 램프 기기이다.

17) 고객용 손목 받침대

매니큐어 시술 시, 고객의 손목의 편안함을 위하여 사용한다. 디자인된 규격 제품을 사용하면 편리하다.

2. 네일 도구

1) 네일 클리퍼(Nail clipper)

(1) 자연 네일과 인조 네일의 길이를 자를 때 사용한다.
(2) 둥근형과 일자형이 있고, 네일 서비스에는 일자형이 편리하다.

2) 큐티클 니퍼(cuticle nipper)

(1) 네일 주위의 큐티클(거스러미나 굳은살, 각질)을 자를 때 사용한다.
(2) 소재는 스테인리스 스틸, 크롬, 탄소강, 코발트 합금(날이 날카로움), 니켈 도금(날이 빨리 뭉툭해짐)로 녹이 슬지 않는 제품을 선택한다.
(3) 니퍼의 날의 크기는 1/4, 1/2인치 등으로 다리가 1개 또는 2개인 제품이 있다.
(4) 니퍼의 끝날 부분을 잘 관리해야 하며, 소독을 철저히 하여 사용한다.

3) 큐티클 푸셔(Cuticle pusher)

(1) 메탈 푸셔(metal pusher)라고도 하며, 네일 주위의 굳은살이나 각질층을 밀어서 올리는데 사용한다.
(2) 45도 정도로 밀어 올리며, 네일 표면이 벗겨지거나 조모(matrix)에 손상이 될 수도 있으므로 주의해야 한다.

4) 스톤 푸셔(Stone pusher)

큐티클을 밀어 올리는데 사용하며, 메탈 푸셔 사용 후에 네일 표면에 남아 있는 거스러미와 각질 등을 좀 더 깨끗하게 시술하고자 할 때 사용한다.

5) 팁 커터(Tip cutter)

인조 팁의 길이를 자를 때 사용하며, 익스텐션이나 아크릴릭, UV젤 네일의 길이를 자를 때는 부적합하다.

6) 네일 브러시(Nail brush)

더스트 브러시(dust brush)라고 하며, 네일 표면 위의 이물질을 제거할 때 사용한다.

7) 랩 가위(Wrap scissor)

실크(silk), 린넨(linen), 파이버 글래스(fiber glass) 등의 천을 자르는 데 사용한다.

8) 족집게(Tweeser)

큐티클 안쪽에 박혀 있는 거스러미를 집어낼 경우나, 랩(wrap)을 네일 표면 위에 얹을 때 사용한다.

3. 네일 재료

1) 종이 타월(Paper towel)

고객의 손에 묻은 물기를 닦거나 네일 시술 시 네일 테이블의 타월 위에 깔아 깨끗하게 작업하는 데 사용한다.

2) 솜(Cotten)

네일 에나멜을 제거할 때 사용하거나 손·발톱의 유분을 제거할 때 등 여러 용도로 사용한다.

3) 에나멜 리무버(Enamel remover)

아세톤(pure acetone)과 비아세톤(non acetone)으로 나뉘어 있는데, 아세톤은 에나멜 제거, 인조 네일을 녹이는 데 사용하고 비아세톤은 에나멜 제거에만 사용할 수 있다.

4) 네일 에나멜(Nail enamel)

(1) 네일 폴리시(nail polish), 네일 락커(nail lacqeur), 네일 컬러(nail color)라고도 한다.
(2) 네일에 바르는 유색 화장제로 일반적으로 네일에 2~3회 정도 바른다.
(3) 건조 시 유색 폴리시를 더 단단하고 광이 나게 하는 필름 형성제인 니트로셀룰로오즈가 주성분이다.
(4) 주성분은 니트로셀룰로오즈, 부틸 아세테이트, 톨루엔, 색소, 포름알데히드 등이다.

5) 베이스 코트(Base coat)

(1) 에나멜을 바르기 전에 네일 표면에 바르는 것으로 자연 네일의 변색과 오염을 방지하고, 송진 성분이 있어 에나멜에 잘 접착되도록 해준다.
(2) 주성분은 송진, 니트로셀룰로즈, 이소프로필 알코올, 부틸 아세테이트, 톨루엔 등이다.

6) 톱 코트(Top coat)

(1) 실러(sealer)라고도 하며, 에나멜을 바른 후에 바르는 것으로 에나멜이 쉽게 벗겨지지 않고 오래 지속되도록 보호해 주며 광택을 준다.
(2) 주성분은 레진, 니트로셀룰로오즈, 용해제 알코올, 폴리에스터, 톨루엔 등이다.

7) 에나멜 스프레이 드라이어(Enamel dryer)

(1) 에나멜을 빨리 건조시킬 때 사용하며, 너무 가까이 뿌리면 네일 표면에 기포가 생

기므로 10~20cm 정도 적당한 간격을 두고 사용한다.

(2) 주성분은 미네랄 오일, 올릭에이시드, 실리콘 등이다.

8) 네일 보강제(Nail harder, Strengthener)

(1) 자연 네일이 갈라지거나 찢어지는 약한 네일에 사용하며, 베이스 코트를 바르기 전에 사용한다.

(2) 1주일에 2~3회 정도 덧바르고 비아세톤으로 제거한다.

(3) 주성분은 프로틴하드너, 나일론 섬유, 포름알데히드 등이다.

9) 에나멜 시너(Enamel thinner)

에나멜이 끈적끈적하게 굳었을 때 2~3방울 떨어뜨려 희석시켜 사용하는 제품으로, 시너(thinner), 솔벤트라고도 한다.

10) 큐티클 오일(Cuticle oil)

(1) 큐티클을 정리할 때 큐티클 주위에 발라 네일과 큐티클에 유·수분을 공급해 주며, 큐티클을 유연하게 해주어 큐티클 제거 작업을 쉽게 해 준다.

(2) 주성분은 아몬드 오일, 호호바, 아보카도, 비타민 E 등을 첨가한다.

11) 큐티클 용해제(Cuticle solvent or softener)

(1) 큐티클 리무버(cuticle remover)라고도 하며, 큐티클을 부드럽고 유연하게 만들 때 사용한다.

(2) 주성분은 소디움 하이디록사이드, 글리세린, 물 등이다.

12) 핸드로션(Hand lotion)

손 관리를 할 때 사용하는 것으로 피부에 유분을 제공한다.

13) 알코올(Alcohol)

70% 농도의 알코올을 사용하여 손과 네일을 청결하게 하거나 매니큐어 테이블과 기구 및 도구 등을 소독할 때 사용한다.

14) 항균 소독제(Antiseptic)

(1) 피부 소독제로 고객을 시술하기 전에 시술자와 고객의 네일 표면과 피부 소독에 사용한다.
(2) 스프레이 형태의 액상 타입과 젤 타입의 두 종류가 있다.

15) 네일 화이트너(Nail whitener)

(1) 네일의 프리에지 부분을 희게 보이도록 하는 것이며, 형태는 크림 타입, 페이스트(치약 형태), 연필 타입 등이 있다.
(1) 주성분은 산화연, 티타늄, 다이옥사이드 등이다.

16) 네일 블리치(Nail bleach)

누렇게 변색된 자연 네일에 오렌지 우드 스틱에 솜을 말아서 20볼륨(Volume) 과산화수소, 구연산을 함유한 블리치 액을 피부에 닿지 않도록 주의하여 네일 표면에 사용한다.

17) 파일(File)

(1) 에머리 보드(emery board) 또는 아브라시브(abrasive)라고도 하며, 자연 네일과 인조 네일 시술 시 사용한다.
(2) 철제와 비철제가 있는데, 철제는 사용 후 소독이 가능하고 비철제는 불가능하다.
(3) 파일의 거칠기는 그릿(Grit)으로 구분하며, 숫자가 높을수록 부드럽고 숫자가 낮을수록 거칠다.
(4) 100그릿 : 랩이나 네일 팁의 턱을 제거할 때, 즉 인조 손톱의 길이 조절, 두께 조절
(5) 150~180그릿 : 에칭 또는 인조 손톱의 표면 정리

(6) 200~220그릿 : 자연 네일의 길이 조절 표면 정리

(7) 240그릿 : 표면 마무리 정리

18) 샌딩 블럭(Sanding block)

(1) 네일 표면이 거칠고 기복이 있을 때 매끄럽게 하거나, 인조 네일 시술 시 글루나 젤을 도포한 후 매끄럽게 마무리할 때 사용한다.

(2) 샌딩 버퍼(sanding buffer)라고도 하며, 파일(file) 형태의 샌딩을 사용하기도 하는데 이것을 파일 샌딩이라고 한다.

19) 라운드 패드(Round pad/Disc pad : 디스크 패드)

파일링 후에 네일 밑에 거스러미를 제거할 때 사용한다.

20) 삼색 파일(3-way)

(1) 거칠기가 다른 3면으로 구성되어 있으며, 네일 표면에 광택을 내기 위하여 사용한다.

(2) 거칠기가 다른 2면(2-way), 4면(4-way)도 네일 표면에 광택을 내기 위하여 사용한다.

21) 보호 안경

네일 시술 시 화학 제품으로부터 눈을 보호하기 위해서 착용하는 안경이다.

22) 파라핀(Paraffin)

파라핀 매니큐어와 파라핀 페디큐어를 관리할 때, 건조한 고객의 손·발을 부드럽고 촉촉하게 하기 위하여 영양을 공급할 때 사용한다.

23) 글루(Glue)

네일 팁과 네일 랩을 붙일 때 사용하는 접착제로, 인조 네일 보수 시술 시 등에 사용한다.

24) 젤 글루(Gel glue)

네일 팁을 붙일 때 사용하는 접착제로, 인조 네일 보수 시술 시 등에 사용하며, 글루보다 접착력이 강하다. 레진이라고도 한다.

25) 글루 드라이(Gule dryer or Activater)

(1) 글루나 젤을 빨리 건조시킬 때 사용한다.
(2) 너무 가까이 뿌리면 네일이 뜨겁거나 통증을 유발할 수 있으며 노랗게 변색이 될 수 있으므로 10~15cm 간격을 두고 적당히 사용한다.

26) 네일 팁(Nail tip)

(1) 인조 네일로 짧은 자연 네일의 길이를 연장할 때 사용하며 플라스틱, 아세테이트, 나일론 등의 소재로 되어 있다.
(2) 팁의 종류에는 레귤러 팁(regular)과 스퀘어 팁(square tip), 풀 커버 팁(full cover tip)이 있는데 레귤러 팁은 스마일 팁, 하프 웰(half well)이라 하고, 스퀘어 팁은 풀 웰(full well), 풀 커버 팁은 풀 팁(full tip)이라 한다.

27) 랩(Wrap)

(1) 자연 네일이 갈라지거나 찢어져서 보수할 때나, 네일 팁을 붙인 후 쉽게 부러지는 것 등을 방지하기 위해 접착하여 사용한다.
(2) 랩의 종류에는 실크(silk), 린넨(linen), 화이버 글래스(fiber glass), 페이퍼 랩(paper wrap) 등이 있다.

28) 필러 파우더(Filler powder)

랩이나 네일 팁이 갈라졌거나 떨어져 나간 부분을 보수할 때나 익스텐션 시술 시 사용한다.

29) 오렌지 우드 스틱(Orange wood stick)

큐티클을 밀거나 글루 또는 젤을 네일 표면 위에 얹을 때, 네일 주위에 묻은 에나멜을 제거할 때, 네일아트 시술 시 등 다양하게 사용된다.

30) 발가락 끼우개(Toe separator)

페디큐어 시술 후, 에나멜을 바를 때 발가락에 끼워서 사용한다.

31) 페디 파일/페디 스톤(Pedi file, Pedi stone)

(1) 발바닥의 거친 부분(굳은살)을 부드럽게 하기 위해 사용한다.
(2) 로션이나 크림 또는 패디 스크럽을 함께 사용하면 효과적이다.

32) 콘 커터(Cone cutter)

발바닥의 굳은살이나 각질을 제거할 때 사용하며, 면도날 사용을 각별히 주의하고 반드시 면도날은 1회 사용하여야 한다.

33) 페디 슬리퍼(Pedi slipper)

페디큐어 시술 후에 고객에게 신기도록 한다.

34) 아크릴릭 리퀴드(Acrylic liquid)

액체 상태로 되어 있으며 아크릴릭 시술 시 아크릴릭 파우더와 섞어서 사용한다.

35) 아크릴릭 파우더(Acrylic powder)

(1) 분말 형태로 되어 있으며 아크릴릭 시술 시 아크릴릭 리퀴드와 섞어서 사용한다.
(2) 대표적으로 핑크색, 투명색, 흰색이 있으며, 그 외 다양한 색상이 있다.

36) 프라이머(Primer)

아크릴릭 시술 시 자연 네일에 잘 접착되도록 사용하며, 산성이므로 큐티클이나 피부 주위에 닿지 않도록 주의하고, 반드시 자연 네일에만 사용하도록 한다.

37) 네일 폼(Nail form)

일회용과 재사용형이 있는데, 일회용은 코팅된 종이 폼 뒷면에 접착제가 있는 스티커형으로 되어 있고, 재사용형은 고리로 연결된 알루미늄이 있다.

38) 아크릴릭 브러시(Acrylic brush)

아크릴릭 리퀴드와 아크릴릭 파우더를 혼합하여 네일 표면에 얹을 때 사용하는 붓이다. (ex. 콜린스키 브러시)

39) 아크릴릭 브러시 크리너(Brush cleaner)

아크릴릭 브러시에 남아 있는 잔여물을 깨끗하게 세척할 때 사용한다.

40) 라이트 큐어드 젤(Light cured gel)

하드 젤과 소프트(쏙오프) 젤로 나뉘며 빌더 젤, 클리어 젤, 베이스 젤, 톱젤 등의 종류가 있다.

41) 젤 브러시(Gel brush)

젤을 오버레이 할 때 사용하며 탄력성이 좋아야 한다. (ex. 나이론 콜린스키 브러시)

42) 지혈제(Styptic liquid, Powder)

네일 시술 과정 중에 출혈을 멈추게 하며, 응급 처치용으로 사용한다.

08. 색채학

NCS 능력단위 명칭	NCS 능력단위 요소
네일 기본 관리 1201010403_14v2	컬러링/1201010403_14v2.3
평면 네일아트 1201010408_14v2	평면 액세서리 활용하기/1201010408_14v2.1 폴리시 아트하기/1201010408_14v2.2 핸드페인팅 하기/1201010408_14v2.3
융합 네일아트 1201010409_14v2	2D 아트/1201010409_14v2.2 3D 아트/1201010409_14v2.3 융합 아트/1201010409_14v2.4

1. 색채학

색이란 다양한 파장의 빛이 눈에 들어옴으로써 생기는 감각의 하나이고, 색채란 빛을 받아 반사된 물체의 색을 말한다. 이러한 색채를 이용해 감정을 표현하거나 의사소통을 하고, 자신을 아름답게 표현할 수 있다.

사람들의 얼굴색이 다르듯 자신에게 맞는 색(color)을 가지고 있다. 자신에게 맞는 색은 어떤 특정한 색이 어울린다는 것이 아니며, 개인 피부색에 따라서 어울리는 색이 있다. 이렇게 자신에게 어울리는 색의 계열과 색상별 이미지를 고려해 메이크업과 의상의 컬러에 맞추어 네일 시술을 하게 된다면, 한결 더 아름답고 센스 있게 보일 수 있다.

1) 색의 분류

(1) 유채색(chromatic color)

유채색(有彩色)은 색의 3요소인 색상, 명도, 채도를 가진 색으로 흰색, 회색, 검정을 제외한 모든 색이다. 순색, 청색(명청색=순색+흰색, 암청색=순색+검정), 탁색(순색+회색, 청색+회색)으로 구분되며, 유채색은 컬러 사진을 연상하면 된다.

(2) 무채색(achromatic color)

무채색(無彩色)은 밝고 어둠의 명도만 있는 색으로 흰색, 회색, 검정으로만 된 흑백 사진을 연상하면 된다.

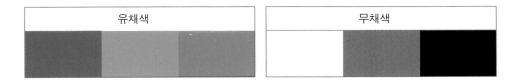

2) 색의 3속성

(1) 색상(Hue)

기본적인 색의 차이이며 빛의 파장이 길고 짧음의 차이며 적색, 녹색, 청색에서 적색에 이르는 끝없는 색상환으로 표현하며 색의 감정에 있어 온도감을 느끼게 한다.

구 분	색 상	이미지
난색계(Warm color)	빨강, 주황, 노랑	따뜻함, 밝은 느낌, 활동적(불, 태양)
한색계(Cool color)	청록, 파랑, 청자	차가움, 시원함, 조용함(물, 바다)
중성색(Neutral color)	연두, 녹색, 자주, 보라	따뜻함과 차가움의 느낌이 없음

(2) 명도(Lightness, Value)

색의 밝고 어두운 정도를 나타내며, 검정(0)에서 흰색(10단계)까지 11단계로 나눈다. 고명도인 밝은색은 가벼운 느낌을 주고, 저명도인 어두운색은 무거운 느낌을 준다. 색의 감정에 있어 무게감을 느낄 수 있다.

구 분	색 상	이미지
고명도	흰색, 노랑, 연두	밝고 경쾌함, 순결, 선명함, 가벼움
중명도	녹색, 연두, 자주	침착, 평온, 온화
저명도	빨강, 파랑, 보라, 검정	무거움, 어두움, 침착함

(3) 채도(Chroma, Saturation)

색의 탁하고 선명한 정도를 나타내는 척도이며 색 파장이 얼마나 강하고 약한가를 느끼는 것이 채도이다. 채도는 무채색이 섞인 정도에 따라 1~14까지로 구분되며 한색 중 채도가 가장 높은 색을 순색이라 하고, 유채색에 무채색을 섞을수록 채도가 낮아진다. 채도가 낮을수록 회색(Gray)에 가깝고 채도가 '0'일 때는 무채색이다. 채도가 높은 색은 명도와 관계없이 강한 느낌을 주며 채도가 낮은 색은 약한 느낌을 준다.

구 분	색 상	이미지
고채도	주황	경쾌함, 활동적, 화려함
중채도	핑크	여성적, 부드러움, 온화함
저채도	갈색	침착함, 소박함, 신뢰감

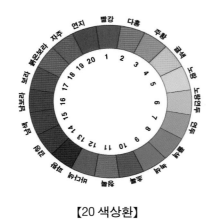

【20 색상환】

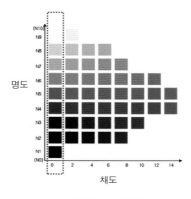

【명도 · 채도】

3) 색의 조화

구 분	색 상	이미지
동일 색상	색상은 동일하나 명도, 채도가 다른 색상의 조화	수수함, 고상함
유사 대비	색상환에서 가깝게 근접해 있는 색상의 조화	무난함, 침착함
보색 대비	색상환에서 반대되는 색상의 조화	활동적, 화려함
무채/유채색	흑 · 백 등 무채색과 적 · 청 등 유채색 조화	개성적, 산뜻함

4) 빛과 색의 3원색

(1) 빛의 3원색

빛이 기본이 되는 색으로 빨강(Red), 녹색(Green), 파랑(Blue)이다. 3원색을 여러 비율로 혼합하여 모든 색상을 만들 수도 있다. 가법혼합으로 빛의 혼합은 더할수록 밝아지고, 3원색을 모두 혼합하면 흰색이 나온다.

혼합 예) Blue+Green= Cyan.   Green+Red=Yellow.
　　　　　Blue+Red=Magenta,   Red+Green+Blue=White

(2) 색의 3원색

색의 기본이 되는 색으로 자주(Magenta), 노랑(Yellow), 청색(Cyan)이다. 3원색을 여러 비율로 혼합하여 모든 색상을 만들 수도 있다. 감법 혼합으로 색의 혼합은 더할수록 어두워지며, 3원색을 모두 혼합하면 검정이 된다.

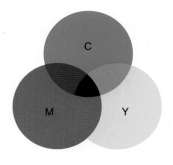

5) 피부색에 따른 네일 컬러

패션, 헤어, 메이크업, 네일아트에 이르기까지 자신에게 어울리는 컬러가 있다. 색조 화장에 따라 얼굴색이 변하고 네일 컬러에 따라 손의 피부색이 달라 보이기 때문에 유행 컬러나 자신이 좋아하는 컬러를 사용하였을 때 어울리지 않는 경우가 있다. 네일 컬러는 네일의 모양, 길이, 피부색과 어울리는 컬러를 선택하는 것이 무엇보다 중요하다. 피부색을 결정짓는 색소 중 멜라닌 색소는 검은색과 반점의 색, 케로틴 색소는 노란빛, 헤모글로빈 색소는 붉은빛을 띠게 하므로, 피부색에 맞는 컬러를 선택하는 것은 중요하다. 네일 컬러는 때와 장소, 상황에 맞게 자신의 피부색에 맞는 컬러를 선택하느냐에 따라 아름다움과 세련된 패션 스타일을 완성할 수 있다.

피부색은 컬러 진단을 통해 손등과 손바닥이 노란빛을 띠는지, 붉은빛을 띠는가를 확인한다. 하얀 피부일 경우에는 맑은 아이보리를 띠는지, 붉은빛을 띠는 하얀 피부인지 확인한다. 검은 피부는 손바닥의 붉은빛과 손등의 노란빛이 없는 검은 피부색인지, 붉은 빛이 없는 노란색 빛이 도는 검은 피부인지 확인한다.

■ 하얀 피부

밝고 흰 피부의 손은 모든 컬러가 무난하지만 채도만 높고 컬러감이 없을 경우 혈색이 창백해 보이는 피부로 보일 수 있으므로 다홍빛과 같은 원색이나 오렌지, 옐로 등 비비드 컬러가 잘 어울리며, 네이비블루보다는 터키블루 계통의 컬러가 잘 어울린다.

TIP 살구색, 아이보리, 베이지, 선명하지 않은 옅은 컬러는 깔끔한 느낌보다 손이 창백해 보일 수 있다.

■ 붉은빛이 감도는 피부

붉은빛의 피부는 투명 컬러, 브라운, 오렌지, 골드 컬러가 잘 어울리며, 채도가 낮고 어두운 블랙, 퍼플블루, 바이올렛과 같이 진하고 차가운 컬러는 붉은빛이 감도는 피부를 잘 보완해 준다. 피부 톤을 부드럽게 정리하기 위해서는 채도가 낮은 레드 컬러나 펄감이 없는 매트한 그린, 블루 톤을 사용한다.

TIP 피부가 더 붉게 보이도록 해줄 수 있는 채도가 밝은 레드와 옐로, 핑크 계열, 퍼플, 브라운, 파스텔 계열의 파랑, 붉은 계열은 피하도록 한다.

■ 노르스름한 피부

노르스름한 피부에는 레드, 그린, 퍼플, 블루 계열의 컬러가 화사하고, 누드 빛 살구색, 파스텔 핑크, 브라운 컬러는 노란 피부를 차분하게 해 준다. 인디고 색상, 퍼플, 레드, 브라운 등의 강한 컬러가 어울린다.

TIP 브라운, 오렌지, 네온 컬러나 원색의 옐로, 옐로 베이스가 사용된 골드나 옐로 컬러는 노랗게 보이고, 네이비와 퍼플은 창백해 보일 수 있으므로 피하도록 한다.

■ 어두운 피부 (갈색 빛을 띠는 어두운 피부)

갈색 빛을 띠는 어두운 피부는 누드 베이지, 누드 핑크 등 누드 계열 컬러가 가장 잘 어울리며 레드, 남색, 블랙, 진보라, 고동색, 펄 브라운 등의 진하고 강한 컬러가 어울린다. 화이트, 옐로, 그린 등의 비비드 컬러는 깔끔하고 섹시해 보이나, 피부 톤보다 한 톤 어두운 컬러는 손이 더 까맣게 보일 수 있기 때문에 피하는 것이 좋다.

TIP 브라운, 겨자색, 주황빛 등의 계열은 어두운 피부를 더 어둡게 만들기 때문에 피하도록 한다.

2. 디자인 구도

1) 디자인의 의미

디자인(Design)은 라틴어 '데시그나레(Designare, 계획을 기호로 명시한다)'에서 유래하였다. 본질적 의미는 실용적이고 미적인 조형의 가시적인 표현이다. 어떤 구상이나 작업 계획을 구체적으로 나타내는 과정으로 모든 예술에 폭넓게 쓰이는 용어로 구성이나 표현 양식 또는 장식을 의미한다. 구성은 예술 작품에서 전체적으로 통일된 작품으로 완성하기 위해 부분적 요소들을 짜 맞추는 방식이다.

디자인의 뜻 : 1. 계획하다 2. 제시하다 3. 표현하다   4. 성취하다

2) 디자인의 목적

디자인의 목적은 물질적인 생활 환경을 개선하고 창조하여 삶의 질을 향상하기 위한 목적이다.

(1) 인간의 행복
(2) 인간의 경제적 이윤 추구
(3) 인간의 장식적인 욕구 충족
(4) 예술적인 창작

3) 디자인의 구성 원리

- 3가지 구성 원리 : 조화, 균형, 율동
- 4가지 구성 원리 : 통일성, 균형, 강조, 리듬
- 6가지 구성 원리 : 통일성, 변화, 균형, 강조, 공간, 율동

(1) 조화(harmony)

- 둘 이상의 요소가 서로 어울렸을 때 느낄 수 있는 현상
- 요소 상호 간 공통성과 동시에 어떠한 차이가 있을 때가 훌륭한 조화

(2) 변화(Variety)

- 화면을 구성하고 있는 구성 요소들의 크기, 형, 색체 등이 같지 않은 것
- 움직임과 흥미를 느끼나 변화가 지나치면 산만해지고 무질서
- 통일의 영역을 침해하지 않는 범위 내에서 이루어지며 대비와 유사

(3) 통일(Unity)

- 한 작품 안에 정돈과 안정된 느낌으로 한 단위라는 느낌
- 화면에 중심이 있고 객체가 있어야 통일성이 있게 되며, 통일성이 있어야 질서가 잡히고 혼란을 방지
- 형, 색, 재료 및 기술상에서 미적 관계의 결합이나 질서

(4) 균형(balance)

- 대칭의 균형 : 형태나 색채가 좌우의 대칭을 이루는 것
- 비대칭의 균형 : 좌우의 색채와 형태가 다르면서 평형을 유지하는 것
- 방사 균형 : 중앙의 한 점에서 방사되거나 중심점으로부터 원형을 이루는 것

(5) 비례

- 비례는 길이의 길고 짧은 차 혹은 크기의 대소 차이를 말하는 것
- 부분과 부분 또는 부분과 전체의 수량적인 관계
- 인체도 7등신, 8등신, 황금비율(1:1.618 → 카드의 가로세로 비율, 국기, 석굴암)

(6) 비례를 통한 질서와 변화

- 크기나 길이, 양의 상대적인 조화
- 어떤 양이 다른 양에 대하여 일정한 비례를 가지는 것

(7) 율동(rhythm)

- 형이나 색 등이 반복되어 느껴지는 아름다운 운동감
- 다양한 요소들을 반복하여 강한 힘과 약한 힘이 규칙적으로 연속될 때 생기는 생명감과 존재감

(8) 반복(Repetition)

- 같은 형, 색, 크기 등의 동일한 요소나 대상 등을 두 개 이상 배열시켜 시선 이동을 유도하여 동적인 느낌을 줌으로써 율동감을 느끼게 하는 것

(9) 방사(Radiation)

- 한 개의 점을 중심으로 이루어지는 것(꽃, 눈의 결정체)
- 한 개의 점을 중심으로 방사적인 것에 의해서도 만들어질 수 있다.

(10) 점이(Gradation)

- '점진적인 변화'를 뜻하며, 서로 대조되는 양 극단이 유사하거나 조화를 이룬 일련의 단계로 흔히 '그러데이션(Gradation)'이다.
  - → 달의 변화, 노을빛의 증감, 무지개, 스펙트럼, 낮과 밤

(11) 동세(Movement)

- 운동, 변화, 활기, 동작 이동 등 방향, 각도, 진상, 거리 구성적 요소를 강조, 과장하는 것

(12) 강조(emphasis, accent)

- 특정 부분을 강하게 함으로써 변화 있게 하는 요소
- 어느 한 부분의 형태, 색, 크기들을 전혀 다른 것으로 배치 채색함으로써 생성되며, 강한 긴장감을 준다.
- 무성한 나뭇잎들 사이에서 핀 꽃, 별이 총총한 밤하늘에 뜬 달, 평평한 벽에 생긴 갈라진 틈

- 고층 건물 사이에 자리한 옛 건축물 등 주의를 환기시킬 때, 관심의 초점을 만들거나 동세와 흥분을 조성시킬 때

(13) 대비(Contrast)

- 서로 반대되는 요소가 인접해 있을 때의 강한 효과로, 크고 작은 물체를 동시에 놓았을 때 큰 것은 작은 것 때문에 커 보이고, 작은 것은 큰 것 때문에 더욱 작아 보이는 현상을 말한다.
- 대비는 모든 시각적인 요소에 대하여 동적이고 극적인 분위기를 만드는 작용을 한다.
- 대소, 한란 등과 같이 성질이 반대되는 것은 대비를 보인다.
- 성질, 분량을 달리하는 두 가지 이상의 것이 공간적, 시간적으로 접근할 때 일어난다.

(14) 평면 구성

- 주어진 평면 위에 점, 선, 면을 이용하여 미적으로 표현하는 것을 말한다. 이러한 구성은 변화와 통일 균형들의 구성 요소를 이용하여, 전체적인 조화를 생각하며 평면 위에 표현하여야 한다.
- 자연물이나 인공물의 형과 색, 재질 등의 특성과 구성의 원리를 통한 미적 표현 학습의 기초가 된다.
- 디자인의 기초 능력인 색의 시각 효과와 감정 표현에 대한 연습에 중요한 역할을 한다.

4) 구도의 의미

(1) 구도의 3 요소

화면을 짜임새 있고 조화롭게 구성하려면 강조와 보조가 있어야 하고 변화, 통일, 균형에 유의하여 아름다움을 표현하는 방법으로 변화와 통일은 서로 상반된 개념이지

만, 한 화면 속에 서로 적절히 조화를 이루어 균형을 이루었을 때 좋은 구도가 된다.

① 변화 : 다른 요소, 조건 등의 배치에 의해서 산만하거나 단조롭지 않게 생동감 있게 표현하여 구성
② 통일 : 여러 가지 요소, 소재, 조건들이 산만하지 않게 주제에 집중하여 일체감을 갖는 것
③ 균형 : 형태나 색채가 화면 전체에 안정감을 주며, 좌우의 대칭과 비례에 의한 아름다움을 표현

(2) 구도의 종류

- **원형 구도**

  정물화 등에 흔히 쓰이는 구도이며, 짜임새는 좋으나 구심력이 약한 경우가 많다. 평면적이고 장식적인 효과를 노리는 표현에 많이 이용된다. 통일감과 부드러운 원만한 느낌을 준다.

- **복합형 구도**

  수평 · 수직 구도, 삼각형 · 수직 구도 등과 같이 몇 개의 기본적인 구도가 겹쳐 이룬 구도로 종류도 다양하며, 그 느낌과 효과 역시 다양하다.

〈구도의 종류〉

삼각 구도	역삼각형 구도	마름모 구도	원형 구도	좌우대칭 구도	와선 구도
안정, 통일, 듬직, 강함, 동적, 중후감	동적, 상승, 불안, 변화, 깊이감	포위감, 동적 변화, 균형미	안정, 통일, 부드러움, 원만한 느낌	동적, 안정	퍼져나감, 심한 움직임

수직 구도	수평 구도	수직 수평 구도	십자 구도	삼등분 구도	상하대칭 구도
상승, 하강, 엄숙, 고요	평화, 안정 고요, 이감, 무게감	견실함	넓이감, 동적	편안함, 안정, 보편적, 황금 분할 구도	질서정연

부채꼴 구도	방사형 구도	와선 구도	전광형 구도	대각선 구도	양대각선 구도
퍼져나감	통일, 변화, 구심점 강조	심한 움직임, 불안정, 퍼져나감	동적, 강렬, 변화, 깊이, 불안, 상승	불안, 속도감, 방향감, 늠름 공간적, 깊이	생동감, 원근감, 집중감, 퍼져가는 느낌

아치 구도	S자 구도	C자형 구도	U자형 구도	바둑판 구도	Free 구도
온화한 안정감, 편안한 구도	율동, 유연, 산과 계곡 도로 표현	도로, 해안선, 큰 움직임	율동감	구성미 강조	나만의 구도 만들기

5) 네일아트 디자인

네일아트 디자인은 구도의 종류를 한 가지 또는 두 가지 이상을 활용하여 손톱에 자유롭게 디자인하여 표현할 수 있다. 그러나 네일아트 구도는 좁은 공간 위에서 할 수 있는 것으로 구도가 일정한 형이 정해져 있는 것이 아니므로 디자이너는 항상 새로운 구도의 창조가 필요하고 멋진 예술작품을 표현한다.

〈구도를 활용한 네일아트 디자인의 예〉

수평 구도

수직 구도

삼각형 구도

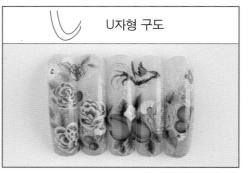

U자형 구도

NAIL COSMETOLOGY **02**

NCS기반
네일숍 위생 및 네일 관리

Nail

01. 네일숍 위생 서비스

분류 번호 : 1201010401_14v2

능력단위 명칭 : 네일숍 위생 서비스

능력단위 정의 : 양질의 고객 서비스와 쾌적한 숍 환경을 위해 청결 작업과 기구, 용품, 재료 소독이 가능하고 고객 상담과 시술 전 손·발을 소독할 수 있는 능력이다.

능 력 단 위 요 소	수 행 준 거
1201010401_14v2.1 숍 청결 작업하기	1.1 환기 방법에 따라 실내 공기를 환기 시킬 수 있다. 1.2 청소 도구를 이용하여 숍 실내를 청소할 수 있다. 1.3 정리 요령에 따라 숍 집기류를 정리할 수 있다. 1.4 청소 점검표에 따라 숍의 청결 상태를 점검할 수 있다.
	【지 식】 ◦ 청소 방법에 관한 지식 ◦ 세정 및 청소 도구 활용법 ◦ 소독 방법 ◦ 미생물학 ◦ 집기 관리 지식 ◦ 청소 점검표에 대한 지식 【기 술】 ◦ 청소 요령 ◦ 세정 및 청소 도구 활용 능력 ◦ 소독 방법 요령 ◦ 미생물학에 이해 능력 ◦ 집기 관리 능력 ◦ 청소 점검표 파악 능력 【태 도】 ◦ 꼼꼼하고 철저한 청소 자세 ◦ 철저한 관리 요령 준수 ◦ 숍 실내 위생기준 준수

	2.1 기구 유형에 따라 효율적인 소독 방법을 결정할 수 있다. 2.2 소독 방법에 따라 네일 미용 기기를 소독할 수 있다. 2.3 소독 방법에 따라 네일 시술용 도구를 소독할 수 있다. 2.4 소독 방법에 따라 네일 미용 용품을 소독할 수 있다. 2.5 위생 점검표에 따라 소독 상태를 점검할 수 있다. 2.6 위생 점검표에 따라 기기를 정리·정돈할 수 있다.
1201010401_14v2.2 미용 기구 소독하기	【지 식】 ◦ 소독 방법 ◦ 소독제 사용법 ◦ 소독 도구 활용법 ◦ 미생물학 ◦ 위생 점검표에 대한 지식 【기 술】 ◦ 소독 요령 ◦ 소독제 사용 능력 ◦ 소독 도구 활용 능력 ◦ 위생 점검표 파악 능력 【태 도】 ◦ 꼼꼼하고 철저한 소독 자세 ◦ 소독제 및 소독 도구에 대한 철저한 관리 요령 준수 ◦ 소독 위생기준 준수
1201010401_14v2.3 고객 상담하기	3.1 접객 매뉴얼에 따라 고객을 전화 상담할 수 있다. 3.2 예약관리대장에 따라 고객의 시술 유형을 파악할 수 있다. 3.3 방문 고객과의 상담을 통해 시술 유형을 파악할 수 있다. 3.4 파악된 시술 유형에 따라 시술 방법을 설명할 수 있다. 3.5 시술 방법에 따라 사용할 재료를 설명할 수 있다. 3.6 상담 내용에 따라 고객관리대장을 작성할 수 있다. 3.7 시술 유형에 따라 시술 장소로 안내할 수 있다.
	【지 식】 ◦ 접객 매뉴얼 ◦ 예약관리대장에 대한 지식 ◦ 고객관리대장에 대한 지식 ◦ 시술 유형에 따른 방법에 대한 지식 ◦ 시술 방법에 따른 재료에 대한 지식 ◦ 고객 응대 방법 ◦ 비즈니스 매너

1201010401_14v2.3 고객 상담하기	【지 식】 ◦ 접객 매뉴얼 ◦ 예약관리대장에 대한 지식 ◦ 고객관리대장에 대한 지식 ◦ 시술 유형에 따른 방법에 대한 지식 ◦ 시술 방법에 따른 재료에 대한 지식 ◦ 고객 응대 방법 ◦ 비즈니스 매너 【기 술】 ◦ 접객 매뉴얼에 대한 파악 능력 ◦ 예약관리대장에 대한 이해 능력 ◦ 고객관리대장에 대한 이해 능력 ◦ 시술 유형에 따른 방법에 대한 이해 능력 ◦ 시술 방법에 따른 재료에 대한 이해 능력 ◦ 고객 응대 요령 ◦ 비즈니스 매너 능력 【태 도】 ◦ 고객 지향적 사고 ◦ 정중하고 예의 바른 자세 ◦ 고객 말씀을 경청하는 자세 ◦ 시술 방법 및 재료에 대한 정확하고 자세한 전달 자세
1201010401_14v2.4 손·발 소독하기	4.1 위생 지침에 따라 소독 절차를 파악할 수 있다. 4.2 소독 제품의 특성에 따라 소독 방법을 선정할 수 있다. 4.3 소독 방법에 따라 시술자의 손·발을 소독할 수 있다. 4.4 소독 방법에 따라 고객의 손·발을 소독할 수 있다.
	【지 식】 ◦ 위생 지침에 대한 지식 ◦ 소독 제품에 대한 지식 ◦ 소독 방법 ◦ 소독 제품 보관법 ◦ 공중위생관리법에 대한 지식

1201010401_14v2.4 손 · 발 소독하기	【기 술】	◦위생 지침에 대한 이해 능력
		◦소독 제품 사용 능력
		◦소독 방법 요령
		◦소독 제품 보관 능력
		◦공중위생관리법에 대한 이해 능력
	【태 도】	◦안전수칙 준수
		◦철저한 위생 관리
		◦소독 제품 및 도구의 청결 유지

적용 시 고려 사항

- 네일 서비스는 고객에 대한 전화 응대, 방문 고객에 대한 응대, 시술 내용에 대한 상담과 파악, 그리고 모든 소독 내용을 포함한다.
- 상담실은 관리실과 분리되어 조용한 분위기에서 상담한다.
- 소독 방법에는 물리적 방법과 화학적 방법이 있다. 물리적 방법은 건열, 습열, 자외선 방사 방식을 말하며 화학적 방법은 소독제를 이용한 방식을 말한다.
- 실내는 청결하고 통풍이 잘되어야 한다.
- 조명은 직접 조명이 좋으며 환하고 밝아야 한다.

1. 숍 청결 작업하기

1) 공중위생관리법의 공중 이용 시설 위생관리기준

(1) 공중 이용 시설의 실내 공기 위생관리기준

① 24시간 평균 실내 미세먼지의 양이 150ug/m²을 초과하는 경우에는 실내 공기 정화시설(덕트) 및 설비를 교체 또는 청소하여야 한다.

② 청소하여야 하는 실내 공기 정화시설 및 설비는 다음과 같다.
  - 공기정화기와 이에 연결된 급 · 배기관
  - 중앙집중식 냉 · 난방시설의 급 · 배기관
  - 실내 공기의 단순 배기관
  - 화장실용 배기관
  - 조리실용 배기관

(2) 공중 이용 시설 안에서 발생되지 아니하여야 할 오염 물질의 종류와 허용되는 오염의 기준

오염 물질의 종류	오염 허용 기준
• 미세먼지(PM-10) • 일산화탄소(CO) • 이산화탄소(CO^2) • 포름알데이드(HCHO)	• 24시간 평균치 150ug/m² 이하 • 1시간 평균치 25ppm 이하 • 1시간 평균치 1,000ppm 이하 • 1시간 평균치 120ug/m2 이하

2) 실내 공기

오염된 실내 공기는 우리의 건강에 많은 영향을 준다. 고층 건물, 지하 주차장 등 주기적인 청소나 환기구가 없이 밀폐되어 방치되는 경우가 많다. 충분한 환기가 이루어지지 못해 화학적 · 물리적 조성의 변화를 초래해 불쾌감, 두통, 현기증, 구토 식욕 저하 등이 일어날 수 있다. 적정 실내 온도는 18~20도이고, 환기 시 실내·외 온도 차는 5~7℃ 정도로 한다. 거실, 사무실, 학교의 적정 실내 온도는18±2℃이다.

3) 실내 공기 환기 방법 및 공기 오염 예방 방법

(1) 환기를 자주 시켜서 화학제품의 냄새와 증기가 빠져 나가도록 하고 신선한 공기를 유입하여 실내 공기를 쾌적하게 한다. 환기는 문과 창문 등을 통한 자연 환기와 환풍기나 공기 청정기를 통한 인공 환기 등을 이용한다.
(2) 각종 화학제품과 기타의 인공 향들을 최대한 차단하고 환기를 유도한다.
(3) 뚜껑이 있는 쓰레기통을 사용하고 자주 버려 공기 오염을 예방한다.
(4) 모든 재료는 사용 즉시 뚜껑을 닫아 쏟아지거나 발산되지 않도록 한다.

4) 네일숍의 실내 청소 방법

세균으로 인한 질병을 예방하거나 위생과 청결을 위하여 실내를 청소하고 정리한다. 먼저 문이나 창문을 열고 진공청소기나 빗자루 등을 이용하여 청소한 후 바닥과 기타의 곳을 닦아 먼지를 제거한다.

(1) 바닥을 전체적으로 쓸고 닦아 먼지를 제거한다.
(2) 시술 테이블, 인포메이션, 고객 대기실, 드라이 테이블, 페디스파 등의 먼지를 제거한다.
(3) 세면대와 페디스파 볼을 닦아주고 소독한다.
(4) 거울은 얼룩이 생기지 않도록 닦는다.
(5) 재료들의 먼지와 이물질을 닦아준다. 특히, 폴리시병 입구의 이물질을 잘 닦아주어야 빨리 굳지 않고 오래 사용할 수 있다.

5) 숍 집기류의 정리 요령

(1) 진열장은 진열품의 크기, 색깔, 모양 등 종류대로 정리한다.

(2) 인포메이션의 컴퓨터, 전화기, 문서 등을 정리한다.

(3) 고객 대기실의 테이블, 의자, 신문이나 잡지 등을 정리한다.

(4) 테이블의 재료와 소모품을 보충하고 정리한다.

(5) 고객의 의자와 시술자 의자를 정리한다.

(6) 세면대에는 비누와 소독액 등의 소모품을 보충하고 타월 등을 정리한다.

6) 네일숍 청소 점검표

청소 점검표	결재	작성자	승인자

검 검 내 용	점검 사항 체크						
	월	화	수	목	금	토	일
1. 문과 창문은 자주 열어 환기를 하였는가?							
2. 바닥 전체가 잘 쓸어 졌는가?							
3. 바닥 전체를 잘 닦았는가?							
4. 시술 테이블은 깨끗이 닦고 재료 정리가 잘되어 있는가?							
5. 고객 · 시술자 의자는 깨끗이 닦고 정리가 잘되어 있는가?							
6. 고객 대기실의 테이블, 의자, 신문이나 잡지 등을 정리가 잘되어 있는가?							
7. 진열장은 깨끗이 닦고 정리가 잘되어 있는가?							
8. 네일 기구(핸드 드라이, 램프, 자외선 소독기 등)는 깨끗이 닦고 정리가 잘되어 있는가?							
9. 진열품의 크기, 색깔, 모양 등 종류대로 잘 정리되어 있는가?							
10. 인포메이션의 컴퓨터, 전화기, 문서 등은 잘 정리되어 있는가?							
11. 세면대에는 비누와 소독액 등의 소모품을 보충하고 타월은 정리되어 있는가?							
12. 소모품들은 잘 채워져 있는가?							
13. 정수기는 깨끗이 닦았는가?							
14. 티 테이블은 깨끗이 닦고 정리가 잘되어 있는가?							
15. 커피메이커, 컵은 깨끗이 닦고 정리가 잘되어 있는가?							
16. 쓰레기통은 비웠는가?							
17. 쓰레기통 안이 깨끗한가? (오물이 묻어 있지 않은가?)							
18. 재활용품은 버렸는가?							
19. 모든 청소 구역의 청소 상태를 꼼꼼히 체크하였는가?							
전달 사항 :							
양호 : ○　미 비 : △　불 량 : ×							

2. 미용 기구 소독하기

1) 공중위생관리법규

(1) 공중위생업의 시설 및 설비 기준

① 미용업(일반)

- 미용 기구는 소독을 한 기구와 소독을 하지 아니한 기구를 구분하여 보관할 수 있는 용기를 비치하여야 한다.
- 소독기, 자외선살균기 등 미용 기구를 소독하는 장비를 갖추어야 한다.
- 영업소 내에 작업 장소와 응접 장소, 상담실, 탈의실 등을 분리하여 칸막이를 설치하려는 때에는 외부에서 내부를 확인할 수 있도록 작업 장소, 응접 장소, 상담실, 탈의실 등에 들어가는 출입문의 3분의 1 이상을 투명하게 하여야 한다.

② 미용업(피부) 및 미용업(종합)

- 피부미용 업무에 필요한 베드(온열장치 포함), 미용 기구, 화장품, 수건, 온장고, 사물함을 갖추어야 한다.
- 미용 기구는 소독을 한 기구와 소독을 하지 아니한 기구를 구분하여 보관할 수 있는 용기를 비치하여야 한다.
- 소독기, 자외선살균기 등 미용 기구를 소독하는 장비를 갖추어야 한다.
- 영업소 내에 작업 장소와 응접 장소, 상담실, 탈의실 등을 분리하여 칸막이를 설치하려는 때에는 외부에서 내부를 확인할 수 있도록 작업 장소, 응접 장소, 상담실, 탈의실 등에 들어가는 출입문의 3분의 1 이상을 투명하게 하여야 한다.
- 작업 장소 내에는 베드와 베드 사이에 칸막이를 설치할 수 있으나, 작업 장소 내에 설치된 칸막이에 출입문이 있는 경우 그 출입문의 3분의 1 이상은 투명하게 하여야 한다.

(2) 미용 기구 소독 기준 및 방법

① 일반 기준

- 자외선 소독 : 1cm²당 85uW이상의 자외선을 20분 이상 쬐어준다.
- 건열멸균 소독 : 섭씨 100℃ 이상의 건조한 열에 20분 이상 쬐어준다.
- 증기 소독 : 섭씨 100℃ 이상의 습한 열에 20분 이상 쬐어준다.
- 열탕 소독 : 섭씨 100℃ 이상의 물속에 10분 이상 끓여준다.
- 석탄산수 소독 : 석탄산수(석탄산 3%, 물 97%의 수용액)에 10분 이상 담가둔다.
- 크레졸 소독 : 크레졸수(크레졸 3%, 물 97%의 수용액)에 10분 이상 담가둔다.
- 에탄올 소독 : 에탄올 수용액(에탄올이 70%인 수용액)에 10분 이상 담가두거나 에탄올 수용액을 머금은 면 또는 거즈로 기구의 표면을 닦아준다.

② 개별 기준

이용 기구 및 미용 기구의 종류ㆍ지질 및 용도에 따른 구체적인 소독 기준 및 방법은 보건복지부 장관이 정하여 고시한다.

(3) 공중위생영업자가 준수하여야 하는 위생관리기준

① 점 빼기ㆍ귓불 뚫기ㆍ쌍꺼풀 수술ㆍ문신ㆍ박피술, 그 밖에 이와 유사한 의료행위를 하여서는 아니 된다.

② 피부미용을 위하여 의약품 또는 의료기기를 사용하여서는 아니 된다.

③ 미용 기구 중 소독을 한 기구와 소독을 하지 아니한 기구는 각각 다른 용기에 넣어 보관하여야 한다.

④ 1회용 면도날은 손님 1인에 한하여 사용하여야 한다.

⑤ 영업장 안의 조명도는 75룩스 이상이 되도록 유지하여야 한다.

⑥ 영업소 내부에 미용업 신고증 및 개설자의 면허증 원본을 게시하여야 한다.

⑦ 영업소 내부에 최종 지불 요금표를 게시 또는 부착하여야 한다.

⑧ 영업장 면적인 66제곱미터 이상인 영업소의 경우 영업소 외부에도 손님이 보기 쉬운 곳에 최종 지불 요금표를 게시 또는 부착하여야 한다. 이 경우 최종 지불

요금표에는 일부 항목(5개 이상)만을 표시할 수 있다.

2) 네일숍의 기구와 소독제 농도

(1) 알코올(Alcohol)

① 70% 이상의 용액으로 사용

② 메틸 : 기구(시술용 테이블), 도구(니퍼, 랩 가위, 메탈 푸셔 등의 메탈 제품) 소독에 사용

③ 기구와 도구는 최소 10~20분 이상 소독

(2) 자외선멸균기

① 니퍼, 랩 가위, 메탈 푸셔 등의 메탈 제품의 소독

② 페디파일, 핑거볼, 더스트 브러시 등의 소독

③ 2,537Å 내외의 인공 자외선으로 2~3시간 소독

(3) 살균제(멸균제)

화학약품	농도	용도
쿼츠	1:1,000%	20분 이상 20% 용해제에 기구 담금
포르말린	40%	실내 소독(40%), 기구 소독(10~25%)
치아염소산나트륨	10%	10분 이상 용해제에 기구 담금
알코올	70%	20분 이상 용해제에 기구 담금
크레졸	3%	손, 기구

3) 네일숍 화학물질의 안전 관리

① 솔벤트나 프라이머는 눈에 들어가면 부상을 입고 실명할 수 있으므로 주의해서 사용한다.

② 파일링할 때 아크릴릭 파우더와 아크릴릭 리퀴드, 프라이머, 에나멜 드라이어에

서 발산되는 증기로 인해 호흡장애를 일으킬 수 있다.

③ 네일 폴리시(에나멜)와 리무버, 글루 드라이어 등을 사용 중에는 인화성이 강하므로 난로를 멀리하고 흡연을 금한다

④ 글루, 젤, 솔벤트는 피부를 건조시키며 껍질이 벗겨지고 상처를 통해 균이 침입한다.

⑤ 소독제는 제품 설명서의 지시에 따라 사용할 때 적정 농도로 사용한다.

⑥ 시술 시 눈에 화학물질이 들어가거나 피부에 알레르기 반응을 일으키며 응급조치 후 병원으로 보낸다.

⑦ 폭발 가능성이 있는 화학물질성 스프레이는 냉암소에 보관하며, 각 제품에 라벨을 붙여 보관한다.

> **TIP** **화학물질의 과다 노출 시 생길 수 있는 증세**
> 호흡장애, 피부 발진 및 염증, 가벼운 두통, 불면증, 눈물과 콧물, 목이마르고 아픔, 몸이 피곤하고 나른함, 발가락이 따끔거린다. 화학물질 중 산성 물질에 노출되었을 경우에는 흐르는 물로 닦고 알칼리수로 중화시켜 준다.

4) 네일숍 내의 안전 수칙

① 환기를 자주 시켜서 화학제품의 냄새와 증기가 빠져나가도록 한다.

② 프라이머 등이 피부에 닿지 않게 주의한다.

③ 파일링할 때에 먼지가 날리므로 마스크를 착용하여 흡입되지 않도록 한다.

④ 화학약품이 눈에 들어가지 않게 보호 안경을 쓰도록 한다.

⑤ 화재를 일으킬 수 있는 화학약품들이 있으므로 담배를 피우지 않는다.

⑥ 먹기 전에 손을 씻어 손에 화학물질을 제거한다.

⑦ 따뜻한 커피나 차(tea)는 공기 중의 먼지, 가루, 화학물질을 흡수하므로 마시거나 음식을 먹거나 하지 말아야 한다.

⑧ 쓰레기는 자주 버리고 뚜껑이 있는 것을 사용한다.

⑨ 모든 재료는 사용하지 않을 때에 뚜껑을 닫아 쏟아지거나 발산되지 않게 한다.

⑩ 모든 용기에 라벨을 붙여서 냉한 곳에 보관한다.

⑪ 모든 제품은 설명서, 제조 날짜(유효 기간)를 확인하고 보관한다.

⑫ 작업 시 1시간마다 10분씩 휴식을 취하여 눈의 피로를 풀어주거나, 매 5분마다
   먼 곳을 보도록 하여 눈의 피로를 풀어 주어 작업 능률을 높여준다.

⑬ 사고를 대비하여 응급 상자와 소화기, 비상 전화번호를 비치하여 둔다.

5) MSDS(재료 안전 자료표/Material Safety Data Sheet)

재료 안전 자료표는 제품을 사용하는 사람들이 제품에 필요한 모든 정보를 볼 수 있게 제조회사가 수록해 놓은 것이다.

> **TIP** **MSDS에 기재 사항**
> 위험한 첨가물에 대한 정보, 물리적 위험성, 보건 위험, 신체적 합성, 화학물질의 발암
> 위험성, 주의 사항과 취급 방법, 보호나 예방 조치, 긴급 및 응급 절차, 보관 및 처리 방
> 법 등에 대한 정보가 들어 있다.

6) 네일숍의 소독 위행

① 작업 도구 : 비누와 따뜻한 물로 잘 닦아 건조한다.

② 소독이 필요한 도구들은 소독액에 10분 정도 담근다.

③ 손 세척 : 세균 방지 비누액으로 깨끗이 씻고 마른 타월로 닦는다.

④ 테이블 : 클리너나 소독액으로 닦는다.

⑤ 쿠션 : 쿠션은 매 고객마다 깨끗한 타월로 감싸 사용한다.

⑥ 파일, 오렌지 우드 스틱, 솜은 매 고객마다 일회용으로 사용한다.

⑦ 자외선소독기에 소독해야 할 도구들을 넣어 소독한다.

⑧ 항상 작업장, 서랍, 캐비닛 등 모든 시설을 깨끗하고 청결하게 유지한다.

7) 네일숍의 위생 관리 점검표

년   월   일 ~   월   일

위생 관리 점검표	결재	작성자	승인자

구분	점 검 사 항	점검 사항 체크						
		월	화	수	목	금	토	일
개인 위생	1. 종사자는 깨끗하고 청결한 복장 상태를 유지하고 있는가?							
	2. 종사자의 건강 상태가 양호한가?							
	3. 용모가 단정하고 위생적인 상태인가?							
도구	1. 니퍼와 푸셔는 소독되어 있는가?							
	2. 모든 메탈 도구들은 소독되어 있는가?							
	3. 일회용품의 관리가 잘되고 있는가?							
기구	1. 테이블은 소독되어 있는가?							
	2. 페디스파 볼은 소독되어 있는가?							
	3. 모든 기구들은 소독되어 있는가?							
제품	1. 개봉 후 제품 관리가 잘되고 있는가?							
	2. 제품의 주의 사항과 유효 기간을 잘 지키는가?							
	3. 모든 제품들은 위생적으로 잘 보관하고 있는가?							
위생	1. 실내 청소와 소독 위생 관리가 잘되어 있는가?							
교육	1. 종사자 위생교육을 실시하였는가?							
기타	1. 게시물(미용업신고증, 면허증 원본, 요금표) 관리를 잘하고 있는가?							
	2. 숍 내의 조명은 적절한가?							
기호	양호 : ○ 미비 : △ 불량 : ×							
전달 사항								

3. 고객 상담하기

1) 바람직한 직업 윤리관

　① 위생과 안전 규정을 준수한다.
　② 단정한 외모로 유니폼을 입는다.
　③ 예의 바르고 상냥한 태도를 갖는다.
　④ 정직해야 한다.
　⑤ 신뢰감을 줄 수 있어야 한다.
　⑥ 편견을 갖지 말고 모든 고객에게 공평하라.
　⑦ 약속을 지킨다.
　⑧ 철저한 사전 준비를 한다.
　⑨ 지식을 습득하도록 한다.

2) 고객 안전 관리

　① 정직하며 공손하고 친절한 태도를 갖는다.
　② 예약 고객은 우선적으로 서비스하여 신뢰감을 준다.
　③ 고객의 핸드백, 귀중품, 옷 등이 분실되거나 바뀌지 않도록 관리한다.
　④ 자신이 한 말에 책임지고 해야 할 일을 정확하게 완수한다.
　⑤ 모든 인간관계에서 한쪽 편을 들지 말고 공정하게 한다.
　⑥ 다른 사람의 감정을 고려하며, 남을 평가하는 말이나 험담을 피하도록 한다.
　⑦ 전화는 밝고 명랑하게 받고 긍정적인 태도로 고객을 편안하게 한다.
　⑧ 예약 노트와 펜을 미리 준비하여 고객을 기다리지 않게 한다.
　⑨ 고객이 기다리는 동안 차를 대접하고 잡지 등을 권하여 지루하지 않게 한다.
　⑩ 굳은살 제거용 면도날은 매 고객마다 새 것으로 사용하여 감염을 방지한다
　⑪ 네일 팁은 조상(네일 베드) 길이의 한 배 반을 넘지 않게 붙인다.
　⑫ 화학제품이나 메탈 도구로 인하여 알레르기(allergy)가 생기는 경우 중단하고

피부과로 가도록 권유한다.

⑬ 글루의 과다 사용은 자연 네일을 약하고 부서지게 하므로 적당량을 사용한다.

⑭ 큐티클를 너무 세게 밀거나 바짝 자르면 감염의 위험이 있으므로 큐티클을 1mm 정도 남겨 놓고 자른다.

3) 전화 응대 매너

(1) 전화 응대의 중요성

① 고객과 처음 만나는 '제1선 접점'으로 고객과 기업(숍)을 연결하는 중요한 통로이다.

② 친절한 전화 응대는 숍의 긍정적인 첫 이미지를 형성한다.

③ 현대 사회에서는 전화는 필수품으로 고객과의 접촉이 빈번하게 일어나는 공간으로 그 가치와 효용이 절대적이다.

(2) 전화 응대의 3요소

① 음성 : 말의 속도와 정확도에 세심한 신경을 써야 한다.

② 경청 : 눈에 보이지 않는 커뮤니케이션이므로 경청에 더욱 신경을 써야 한다.

③ 언어 : 일방적인 오해가 발생할 수 있으므로 알아듣기 쉽고 이해하기 쉽게 전달한다.

(3) 전화 응대의 기본 원칙

① 신속

- 벨이 울리면 3번 울리기 전에 신속하게 전화를 받는다.
- 비용이 발생하는 것이므로 빨리 받고 통화는 간단하고 명료하게 한다.
- 부득이하게 오래 기다리게 할 경우 양해의 말씀을 꼭 드린다.
- 전화를 걸기 전에 미리 전달할 내용에 대한 정리를 해서 요점을 신속하게 정리한다.

② 정확

- 제대로 전달하기 위해 내용을 천천히 정확하게 전달한다.
- 필요한 내용은 메모하면서 정확히 이해한다.
- 정확한 어조와 음성 발음으로 전화한다.
- 중요한 부분은 반복해서 확인하고 강조한다.
- 전화를 걸기 전에 내용을 정리해서 빠지는 부분이 없도록 꼼꼼하게 전달한다.
- 고객이 되묻지 않도록 한다.
- 이해하기 쉬운 표현이나 용어를 사용한다.

③ 친절

- 친절은 고객이 가장 기대하는 상황이다.
- 음성으로만 전달되므로 대면 응대 상황보다 목소리에 더 상냥함의 느껴지도록 해야 한다.
- 잘못 걸려온 전화라도 잠재 고객이 될 수 있으므로 항상 정중한 어조와 음성으로 응대한다.
- 고객의 요구를 파악하는데 많은 노력을 기울여야 한다.

(4) 전화 걸 때의 매너

① 전화 걸기 전

- 전화를 걸어도 되는 상황인지를 먼저 생각해 본다. (시간, 장소, 상황을 고려한다.)
- 상대방의 전화번호, 소속, 직급, 이름 등을 미리 확인한다.
- 전달할 내용을 육하원칙에 의거하여 일목요연하게 정리한다.

② 전화 걸기

- 정확하게 전화번호를 누른다.
- 상대방이 전화를 받으면 자신을 밝히고 상대방을 확인한다.
  예) "안녕하세요 ㅇㅇㅇ숍의 ㅇㅇㅇ입니다."

- 찾는 사람이 아니면 정중하게 연결을 부탁한다.
- 상대방과 간단히 인사말을 한 후 요건에 대해 간단히 전달한다.
- 용건이 끝나면 내용이 잘 전달되었는지 확인하고 정리한다.
  예) "다시 한번 말씀드리겠습니다. ○○가 맞으시죠?"
- 마무리 인사를 한 후 상대방이 먼저 끊는 것을 확인한 후 수화기를 내려놓는다.
- 통화 상대와 연결이 안 되었을 경우 후속 조치를 한다.
  예) "메모 부탁드려도 되겠습니까?"

(5) 전화 받을 때의 매너

① 전화벨이 3번 울리기 전에 수화기를 신속하게 든다.
② 부득이하게 늦게 받았을 때는 정중하게 사과의 말을 전한다.
  예) "늦게 받아 죄송합니다."
③ 간단한 인사와 소속 및 이름을 밝힌다.
  예) "안녕하십니까? ○○○숍의 ○○○입니다."
④ 상대방을 확인한 후 인사한다.
  예) "안녕하세요, ○○○고객님"
⑤ 용건을 들으면 요점을 메모한다.
⑥ 상대방의 용건을 다 말하면 통화 내용을 요약 복창한다.
  예) "다시 한번 확인하겠습니다. ○○○시술 ○○시 예약 맞으시죠?"
⑦ 용무가 어울리는 마지막 인사를 한다.
  예) "○○○고객님, 예약 시간에 뵙겠습니다."
⑧ 상대방이 전화를 끊은 후 조용히 수화기를 내려놓는다.

(6) 전언 메모의 방법

전화 응대 관련 컴플레인 사례 중에 전언(예약)을 잘못 전달하여 발생하는 경우가 많다. 이것은 메모를 하지 않고 기억나는 대로 전달하거나 메모를 부정확하게 하거나 상대방의 말을 제대로 이해하지 못한 내용을 전달하는 경우 등이 원인이 된다.

① 전화 메모리 내용(예약 메모)

- 전화를 받은 날짜와 시간
- 전화 받을 사람의 이름
- 전화 건 사람의 이름
- 전달 내용을 정확히 메모한다. (원하는 시술 내용)
- 차후 연락할 방법, 상대방이 다시 걸 예정인지 담당자가 걸어 주어야 할 것인지의 여부
- 상대방의 연락처
- 예약 노트에 메모하고 시술 담당자가 있을 경우 예약이 있음을 알린다.

4) 네일숍 상담 절차

(1) 처음 방문한 고객 상담

① 고객이 원하는 서비스를 확인
② 서비스 제공 리스트 공지
③ 관심 가지고 있는 서비스나 전반적인 네일 서비스 설명
④ 서비스 선택 후 작업 장소 안내

(2) 고정 고객 상담

① 예약 고객인지 확인(서비스 변경을 원할 경우 고객 관리 카드나 서비스 제공 리스트 등을 활용하여 새로운 서비스 유형 파악)
② 해당 서비스를 받을 수 있는 작업 장소 안내

5) 상담에 필요한 시술 유형

(1) 자연 네일 활용 유형

손과 발의 관리로 모양 정리, 큐티클 정리, 컬러링 등을 한다.
- 시술 종류 : 매니·페디큐어, 젤 매니·페디큐어 등
- 사용하는 재료 : 에나멜, 젤 폴리시, 램프

(2) 인조 네일 활용 유형

① **네일 랩** : 네일 접착제(글루), 보강제(필러 파우더) 그리고 랩을 이용한 방법으로 인조 팁과 랩을 이용하여 연장이나 랩핑을 한다.
- 시술 종류 : 랩 팁 오버레이, 실크 익스텐션, 랩핑 등
- 사용하는 재료 : 네일 접착제(글루), 보강제(필러 파우더), 실크, 글루 드라이 등을 사용
② **젤 네일** : 젤을 손톱에 올리고 램프를 이용하여 굳혀 주는 방법으로 인조 팁과 폼을 이용하여 연장이나 랩핑을 한다. 쏙 오프 젤과 하드 젤로 나뉜다.
- 시술 종류 : 젤 팁 오버레이 · 원톤 스컬프처 · 프렌치 스컬프처 · 디자인 스컬프처, 젤 랩핑 등
- 사용하는 재료 : 클리어 · 화이트 젤, 접착 유도제(본더), 램프기기 등을 사용
③ **아크릴릭 네일** : 리퀴드 타입의 모노머와 아크릴릭 파우더를 혼합해서 사용하는 방법으로 인조 팁과 폼을 이용하여 연장이나 랩핑을 한다.
- 시술 종류 : 아크릴릭 팁 오버레이 · 클리어 스컬프처 · 프렌치 스컬프처 · 디자인 스컬프처 등
- 사용하는 재료 : 클리어 · 화이트 젤, 프라이머 등을 사용

(3) 아트 활용 유형

모든 기술적인 시술이 끝난 후 디자인을 하기 위한 활용 방법으로 재료의 유형에 따라 선택할 수 있다.

- 시술 종류 : 핸드 페인팅, 젤 페인팅, 엠보 아트(아크릴릭 · 젤), 평면 액세서리,
  입체 액세서리 등
- 사용하는 재료 : 아크릴 물감, 아크릴릭 컬러 파우더, 젤 폴리시, 엠보 젤, 기타
  액세서리 등을 사용

6) 고객 관리

네일 서비스를 하기 전에 고객과 상담을 통하여 문제점을 조언하며 고객 카드를 작성해야 고객의 생활 습관, 건강 상태, 기호를 잘 알 수 있다. 고객의 기호를 이해함으로써 고객이 만족감을 느낄 수 있게 서비스를 할 수 있고 평생 고객으로 만들 수 있다. 바람직한 고객 상담은 신뢰감을 줌으로써 고객과의 좋은 관계가 될 수 있다.

상담 시 시술 서비스에 대하여 충분히 알려주어 고객이 원하는 서비스를 받을 수 있도록 하여야 하며, 시술이 불가능한 손톱의 경우나 피부 질환이 있는 경우에는 의사의 진찰을 받도록 권유한다. 고객이 원하는 서비스로 멋지게 시술하여 줌으로써 아름다운 손을 유지하도록 한다.

단골 고객에 대한 감사 표시는 고객에게 감동을 주는 것이므로 생일이나 결혼기념일, 특별한 날, 이벤트 행사 시 E-mail을 보내거나 휴대전화 문자 등을 보내어 회원 관리에 힘써야 한다.

전문 지식을 공부하거나 세미나와 전문 잡지를 통하여 자기 계발에 끊임없이 노력해야 고객에게 더 가까이 다가갈 수 있으며, 또한 새로운 제품에 대해 충분한 이해를 도와 고객이 올바르게 제품 선택을 할 수 있게 도와준다.

고객 관리는 결국 고객을 만족시키는 것이다.

(1) 고객 관리 자세

① 전 직원이 고객 관리의 중요성을 인식하고 지속적인 교육을 갖는다.
② 고객카드를 멋지게 만들어라.
③ 지속적인 실행이 중요하므로 한 가지라도 실천을 한다.

④ 우수한 사례를 모방하여 벤치마킹하라.

⑤ 서비스, 컴퓨터 시스템 등 고객을 위한 꾸준한 투자를 하라.

⑥ 차별화된 고객관리로 감동시켜라.

⑦ 행복, 만족, 감동을 주는 지속적인 고객관리를 하라.

⑧ 고객은 매우 소중하다는 것을 원장의 말과 행동으로부터 느끼게 하라.

(2) 고객 서비스

① 서비스는 철저한 기능화

고객에게 쾌적, 청결함, 편리, 안전, 안심, 여유, 밝음, 즐거움, 스피드, 리듬, 생동 감 등을 줘야 한다.

② 인적 서비스의 충실화

- 성의(Sincerity), 스피드(Speed), 스마일(Smile)이 있어야 한다.
- 활기(Energy)에 넘쳐야 한다.
- 신선하고 헌신적(Revolutionary)이어야 한다.
- 가치(Valuable)가 있어야 한다.
- 감명(Impressive) 깊어야 한다.
- 의사소통(Communicate)이 원활해야 한다.
- 환대(Entertainment)하는 마음이어야 한다.

③ 서비스의 시스템화

- 고객 정보 관리
- 고객 만족 서비스
- 정신(Mental) 서비스
- 판매(Retail) 서포트(Support)

3) 고객 건강 기록 카드

고객 건강 기록 카드			
성 명			
생년월일		결혼기념일	
집 전 화		핸 드 폰	
직장전화			
집 주 소			
직장주소			
인적 사항	1. 어떤 종류의 일을 하시는지요?		
	2. 손을 사용하는 어떤 취미생활을 하시는지요?		
	3. 어떤 운동 활동에 참가하시는지? 있다면 어떤 운동?		
	4. 집안일을 하실 때 고무장갑을 사용하시는지요?		
	5. 얼마나 자주 직업적인 네일 서비스를 받는지요?		
의료 기록	피부 질환　　　　없다(　　)　　　있다(　　)		
	관절염　　　　　없다(　　)　　　있다(　　)		
	암　　　　　　　없다(　　)　　　있다(　　)		
	당뇨　　　　　　없다(　　)　　　있다(　　)		
	심장 질환　　　없다(　　)　　　있다(　　)		
	고혈압　　　　　없다(　　)　　　있다(　　)		
	상기의 질병이 있다면 어떤 치료를 받고 있는지요?		
	지금까지 심장마비 경력이 있는가? 있다면 얼마전에?		
	우리가 알아야 할 기타 이상 상태나 치료 중인 것이 있는지?		
손톱의 건강 상태			
좋아하는 컬러			
좋아하는 디자인			

4) 고객 서비스 기록 카드

고객 서비스 기록 카드				
성 명				
생년월일		결혼기념일		
집 전 화		핸 드 폰		
직장전화				
집 주 소				
직장주소				
예약하기 좋은 시간				
날 짜	서비스 내용	사후 처리	건강 상태 및 네일 컬러	담당 디자이너
날 짜	서비스 내용			가 격

4. 손 · 발 소독하기

1) 공중위생관리법규의 미용 기구 소독 기준 및 방법

(1) 일반 기준

① 자외선 소독 : 1cm²당 85uW 이상의 자외선을 20분 이상 쬐어준다.

② 건열멸균 소독 : 섭씨 100℃ 이상의 건조한 열에 20분 이상 쬐어준다.

③ 증기 소독 : 섭씨 100℃ 이상의 습한 열에 20분 이상 쬐어준다.

④ 열탕 소독 : 섭씨 100℃ 이상의 물속에 10분 이상 끓여준다.

⑤ 석탄산수 소독 : 석탄산수(석탄산 3%, 물 97%의 수용액)에 10분 이상 담가둔다.

⑥ 크레졸 소독 : 크레졸수(크레졸 3%, 물 97%의 수용액)에 10분 이상 담가둔다.

⑦ 에탄올 소독 : 에탄올수용액(에탄올이 70%인 수용액)에 10분 이상 담가두거나 에탄올 수용액을 머금은 면 또는 거즈로 기구의 표면을 닦아준다.

(2) 개별 기준

이용 기구 및 미용 기구의 종류 · 지질 및 용도에 따른 구체적인 소독 기준 및 방법은 보건복지부 장관이 정하여 고시한다.

2) 국내 숍에서 가장 많이 사용하는 손 · 발 소독제

화학약품	농도	용도
붕산	2.5%	눈
요오드	2%	찰과상, 상처 소독
알코올	60~70%	손, 피부, 경미한 상처
과산화수소	3%	피부, 경미한 상처
클로라민	1/2%	손, 도구
포르말린	5%	손, 기구
치아염소산나트륨	1/2%	손

3) 시술 시 시술자와 고객의 소독 절차

(1) 네일 서비스의 모든 시술 과정에서 제일 먼저 시술한다.

(2) 시술자가 먼저 손등과 손바닥을 소독한다. (질병으로부터 감염이나 전염을 위생적으로 예방)

(3) 고객의 손등과 손바닥을 소독한다. (고객의 발을 시술할 경우 발등과 발바닥을 소독)

(4) 큐티클을 정리한 후에는 예민해진 큐티클의 세균 침투를 막고 진정시키기 위하여 큐티클 부분을 소독해야 한다.

> **TIP** 소독제의 제형에 따라 뿌리거나 바를 수 있고 솜을 사용할 수도 있다.
> 고객의 손과 발의 상태에 따라서 소독 횟수는 무관하다.

02. 네일 화장물 제거

분류 번호 : 1201010402_14v2

능력단위 명칭 : 네일 화장물 제거

능력단위 정의 : 고객의 네일 보호를 위하여 네일 위에 시술되어 있는 네일 폴리시, 인조 네일 및 아트 등의 네일 화장물을 파일과 용매제를 사용하여 제거하고 마무리할 수 있는 능력이다.

능 력 단 위 요 소	수 행 준 거
	1.1 고객관리대장에 따라 고객의 시술 유형을 파악할 수 있다. 1.2 기 시술된 화장물의 유형에 따라 파일을 선택할 수 있다. 1.3 고객의 네일 상태에 따라 파일의 사용 방법을 결정할 수 있다. 1.4 화장물의 제거 상태에 따라 파일을 재선택할 수 있다.
1201010402_14v2.1 파일 사용하기	【지 식】 ◦ 고객관리대장에 대한 이해 　　　　　◦ 네일 구조에 대한 지식 　　　　　◦ 파일 사용 방법 　　　　　◦ 잔여물 처리 방법 【기 술】 ◦ 고객관리대장에 대한 이해 능력 　　　　　◦ 파일 선택 능력 　　　　　◦ 네일 구조 파악 능력 　　　　　◦ 파일 사용 능력 　　　　　◦ 잔여물 처리 능력 【태 도】 ◦ 안전 수칙 준수 　　　　　◦ 파일링 시 고객이 편안함을 느낄 수 있도록 배려하는 자세 　　　　　◦ 정확하고 섬세한 파일링을 위한 바른 자세

1201010402_14v2.2 용매제 사용하기	2.1 고객관리대장에 따라 고객의 시술 유형을 파악할 수 있다. 2.2 기 시술된 화장물의 유형에 따라 용매제를 선택할 수 있다. 2.3 화장물의 용해 정도에 따라 제거 상태를 확인할 수 있다. 2.4 화장물의 용해 정도에 따라 적합한 제거용 도구를 선택할 수 있다.
	【지 식】 ◦고객관리대장에 대한 이해 ◦용매제에 대한 이해 ◦네일 구조에 대한 지식 ◦용매제 사용 방법 ◦화장물 제거 도구 사용 방법 ◦잔여물 처리 방법 【기 술】 ◦고객관리대장에 대한 이해 능력 ◦용매제 선택 능력 ◦네일 구조 파악 능력 ◦용매제 사용 능력 ◦화장물 제거 도구 사용 능력 ◦잔여물 처리 능력 【태 도】 ◦안전 수칙 준수 ◦용매제 사용 시 고객이 편안함을 느낄 수 있도록 배려하 는 자세 ◦정확하고 섬세한 화장물 제거를 위한 바른 자세
1201010402_14v2.3 제거 마무리하기	3.1 작업 상황에 따라 화장물의 완전 제거 상태를 확인할 수 있다. 3.2 고객의 요구에 따라 모양과 길이에 맞게 마무리할 수 있다. 3.3 고객의 요구에 따라 네일 표면을 매끄럽게 정리할 수 있다. 3.4 고객의 네일 상태에 따라 네일 강화제를 도포할 수 있다. 3.5 화장물 처리 매뉴얼에 따라 제거 시 배출된 잔여물들을 처리할 수 있다.
	【지 식】 ◦고객관리대장에 대한 이해 ◦네일 구조에 대한 지식 ◦버퍼 사용 방법 ◦잔여물 처리 방법 ◦네일 화장품 관련 지식

1201010402_14v2.3 제거 마무리하기	【기 술】 ◦ 고객관리대장에 대한 이해 능력 ◦ 네일 구조 파악 능력 ◦ 버퍼 사용 능력 ◦ 잔여물 처리 능력 ◦ 네일 화장품의 이해 능력 【태 도】 ◦ 정확하고 청결한 마무리 자세 ◦ 작업 완료 후 깨끗하고 청결하게 정리하는 자세 ◦ 고객에게 불편함을 주지 않기 위한 노력

적용 시 고려 사항

- 네일 화장물은 이미 시술된 네일 화장 또는 인조 네일 재료가 시술된 상태를 말한다.
- 네일에서 파일은 네일의 길이를 줄이거나 표면을 다듬는 도구이다.
- 그릿(Grit)은 파일의 거친 정도를 말한다.
- 파일을 대신하여 네일 드릴을 사용할 수도 있다.
- 실내는 청결하고 통풍이 잘되어야 한다.
- 조명은 직접 조명이 좋으며 환하고 밝아야 한다.
- 네일 주변 피부가 손상이 되지 않도록 주의해야 한다.
- 네일이 손상되지 않도록 주의해야 한다.
- 용매제가 피부에 닿지 않도록 주의해야 한다.

1. 네일 화장물 제거

인조 네일(네일 팁, 네일 랩, 아크릴릭, 라이트 큐어드 젤 등) 시술 후 제품의 특징이나 시술 방법에 따라서 3~6개월 정도 유지되나 오랜시간 유지할 경우 위생적으로나 미적으로 불필요하여 제거해야 한다. 제거 후 고객이 원하는 서비스로 재시술이 가능하다.

1) 네일 화장물 유형별 파일 선택

(1) 자연 손톱 화장물 제거

- 180그릿 이상 자연 손톱용 파일 사용
- 프리에지의 형태와 길이 정리

(2) 네일 랩 접착 화장물 제거

- 150~180그릿 파일 사용
- 손톱 표면을 일정 두께로 정리

(3) 젤 네일 화장물 제거

- 150~180그릿의 파일 사용
- 손톱 표면을 일정 두께로 파일한다.

(4) 아크릴 네일 화장물 제거

- 100~150그릿 파일 사용
- 손톱 표면을 일정 두께 파일

2) 네일 화잘물 용매제의 종류

(1) 폴리시 리무버 (Polish remover)

- 폴리시를 지울 때 사용하는 아세톤이 첨가된 용액이다.

- 솜에 네일 폴리시 리무버를 적셔 손톱 위에 올려놓고 돌리면서 지우거나 네일 주변의 폴리시 잔여물이나 오일을 제거 할 때 사용한다.
- 아세톤, 에틸아세테이트, 오일, 글리세롤 등이 함유되어 있다

(2) 넌 아세톤 (Non acetone)

- 폴리시를 제거할 때 사용하는 용액으로 아세톤 성분 없이 다른 성분이 함유되어있다.
- 솜에 논 아세톤을 적셔 손톱 위에 올려놓고 돌리면서 지우거나 네일 주변의 폴리시 잔여물이나 오일을 제거 할 때 사용한다.
- 아세톤 0%, 메틸아세테이트, 이소프로필미리스테이트, 토코페롤아세테이트 등이 함유되어 있다

(3) 퓨어 아세톤 (Pure acetone)

- 네일 팁, 아크릴, 젤 등을 녹여 인조 네일을 제거할 때 사용하는 100%의 아세톤 용액으로 휘발성과 인화성이 강한 무색의 액체이다.
- 아세톤에 담그거나 호일을 이용해 감싸거나 하는 방법으로 제거한다.
- 네일 팁, 네일 랩, 아크릴릭, 라이트 큐어드 젤, 젤 폴리시 등을 제거 할 때 사용한다.

3) 용매제를 이용한 인조 손톱의 제거

젤 매니큐어, 네일 팁, 실크 익스텐션, 아크릴릭 네일, 라이트 큐어드 젤(쏙 오프 젤) 등의 인조 네일 제거에 적합

(1) 용매제에 담그는 방법

준비물 : 클리퍼, 100% 퓨어 아세톤, 유리 용기, 오렌지 우드 스틱, 파일, 샌딩블럭, 큐티클 오일

① 손 소독　　　　　　　　② 폴리시 제거

③ 인조 손톱 자르기

④ 큐티클 오일 바르기 : 손톱 주변에 발라 피부를 보호한다.

⑤ 용액에 담그기 : 100% 퓨어 아세톤을 아세톤이 녹지 않는 용기에 덜어 10~15분 정도 담근다. (젤의 경우 파일로 표면의 광택을 제거 후 담근다.)

⑥ 떼어내기 : 녹은 부분은 오렌지 우드 스틱으로 제거하거나 파일로 갈아준 후 덜 녹은 것은 다시 담가 제거한다.

⑦ 인조 손톱이 깨끗이 제거되면 샌딩블럭으로 매끈하게 버핑한다.

(2) 용액을 감싸는 방법

준비물 : 클리퍼, 100% 퓨어 아세톤, 솜, 호일, 오렌지 우드 스틱, 파일, 샌딩블럭, 큐티클 오일

① 손 소독   ② 폴리시 제거

③ 인조 손톱 자르기

④ 큐티클 오일 바르기 : 손톱 주변에 발라 피부를 보호한다.

⑤ 100% 퓨어 아세톤을 솜에 듬뿍 적셔 손톱에 얹은 다음 호일로 감싸 10분 정도 둔다. (젤의 경우 파일로 표면의 광택을 제거 후 감싼다.)

⑥ 떼어내기 : 녹은 부분은 오렌지 우드 스틱으로 제거하거나 파일로 갈아준 후 덜 녹은 것은 다시 감싸 제거한다.

⑦ 인조 손톱이 깨끗이 제거되면 샌딩블럭으로 매끈하게 버핑한다.

4) 파일을 이용한 인조 손톱의 제거

라이트 큐어드 젤(UV 하드젤) 등의 용액에 제거되지 않는 인조 네일에 적합하다.
준비물 : 클리퍼, 파일이나 드릴 머신, 샌딩블럭, 큐티클 오일

 (1) 손 소독

 (2) 폴리시 제거

 (3) 인조 손톱 자르기

 (4) 파일이나 드릴 머신을 이용하여 인조 네일을 갈아서 제거한다. 자연 네일이 갈리
　　지 않도록 주의하면서 제거한다.

 (5) 인조 손톱이 깨끗이 제거되면 샌딩블럭으로 매끈하게 버핑한다

2. 인조 네일(손 · 발톱)의 보수

　인조 네일은 랩(실크), 아크릴릭, 라이트 큐어드 젤 등을 시술 후 손톱의 성장으로 자연
네일이 자라 나오는 경우나 손상으로 인한 들뜸, 깨짐, 곰팡이, 변색 등이 생겼을 경우
2~3주마다 손상된 인조 네일 부위를 정리 · 복구하는 과정을 인조 네일 보수라고 한다.

1) 랩(실크)의 보수 방법

 (1) 2주 보수 과정 : 접착제만 사용하는 방법

　① 손 소독

② 폴리시 제거

③ 큐티클 밀어 올리기

④ 자라서 뜬 부분을 갈아주고 손톱 모양 잡기

⑤ 샌딩블럭으로 버핑하기

⑥ 손톱 전체에 글루 바르기

⑦ 젤 글루를 자라난 자연 네일 부분과 인조 네일(실크) 부분 연결하기

⑧ 글루 드라이 뿌리기

⑨ 버핑 - 광택

⑩ 큐티클 오일 바르고 푸셔로 마무리

(2) 4주 보수 과정 : 접착제(글루, 젤글루)와 랩(실크)을 함께 사용하는 방법

① 손 소독

② 폴리시 제거

③ 큐티클 밀어 올리기

④ 자라서 뜬 부분 갈아주기

⑤ 샌딩블럭으로 버핑하기

⑥ 새로 자란 부분에 랩(실크) 붙이기

⑦ 글루 바르기

⑧ 자연스럽게 랩 턱선을 갈아주고 손톱 모양 잡기

⑨ 손톱 전체에 글루 바르기

⑩ 글루 드라이 뿌리기

⑪ 버핑 - 광택

⑫ 큐티클 오일 바르고 푸셔로 마무리

 • 자라서 뜬 부분을 갈아주기 전에 길이를 줄일 경우 전체적인 표면을 갈아 하이 포인트를 맞춘다.
• 대부분 4주 보수의 경우 길이를 줄이는 경우가 많다.

2) 아크릴릭의 보수 방법

(1) 2주, 4주 보수 과정

① 손 소독

② 폴리시 제거

③ 큐티클 밀어 올리기

④ 자라서 뜬 부분 갈아주고 손톱 모양 잡기

⑤ 샌딩블럭으로 버핑하기

⑥ 자라나온 자연 네일 부분에만 프라이머 바르기

⑦ 아크릴릭 볼을 떠서 자라난 자연 네일 부분과 인조 네일(아크릴릭) 부분 연결하기

⑧ 건조 후 큐티클 부분의 아크릴릭 표면 갈기

⑨ 버핑 - 광택

⑩ 큐티클 오일 바르고 푸셔로 마무리

3) 젤(UV 젤)의 보수 방법

(1) 2주, 4주 보수 과정

① 손 소독

② 폴리시 제거

③ 큐티클 밀어 올리기

④ 자라서 뜬 부분 갈아주고 손톱 모양 잡기

⑤ 샌딩블럭으로 버핑하기 - 젤 클리너로 깨끗하게 닦아주기

⑥ 자라나온 자연 네일 부분에 본더 바르기(본더 바르고 큐어링은 제품마다 다름)

⑦ 젤을 자라난 자연 네일 부분과 젤 오버레이 부분을 연결하고 큐어링 하기

⑧ 젤 클리너로 닦은 후 큐티클 부분의 젤과 표면 갈기

⑨ 버핑 후 톱 젤 바르고 큐어링 하기

⑩ 젤 크리너로 닦은 후 마무리(제품사마다 다름)

03. 기본 네일 관리

분류 번호 : 1201010403_14v2

능력단위 명칭 : 네일 기본 관리

능력단위 정의 : 고객의 네일 보호와 미적 요구 충족을 위하여 효과적인 네일 관리로 프리에지 모양 만들기, 큐티클 정리하기, 컬러링하기, 보습제 바르기, 마무리를 할 수 있는 능력이다.

능 력 단 위 요 소	수 행 준 거
1201010403_14v2.1 프리에지 모양 만들기	1.1 시술 매뉴얼에 따라 네일 파일을 사용할 수 있다. 1.2 고객의 요구에 따라 프리에지 모양을 만들 수 있다. 1.3 네일 상태에 따라 표면을 정리할 수 있다. 1.4 프리에지 밑 거스러미를 제거할 수 있다.
	【지 식】 ◦ 파일별 사용 방법 ◦ 프리에지 모양의 이해 ◦ 프리에지 모양 다듬는 방법 ◦ 네일 구조에 대한 지식 【기 술】 ◦ 파일별 사용 능력 ◦ 프리에지 모양 다듬는 능력 ◦ 네일에 구조 파악 능력 【태 도】 ◦ 파일링 시 고객이 불편함이 없도록 배려하는 자세 ◦ 정확하고 섬세한 파일링을 위한 바른 자세

	2.1 시술 매뉴얼에 따라 핑거볼에 손 담그기를 할 수 있다.
	2.2 시술 매뉴얼에 따라 족욕기에 발 담그기를 할 수 있다.
	2.3 고객의 큐티클 상태에 따라 유연제를 선택하여 사용할 수 있다.
	2.4 시술 순서에 따라 도구를 선택할 수 있다.
	2.5 고객의 큐티클의 상태에 따라 큐티클을 정리할 수 있다.
1201010403_14v2.2 큐티클 정리하기	【지 식】 ◦ 시술 매뉴얼에 대한 이해 ◦ 핑거볼 사용법 ◦ 족욕기 사용법 ◦ 큐티클 유연제 선택의 이해 ◦ 시술 도구 선택 방법 ◦ 큐티클 정리 방법의 이해 ◦ 큐티클 상태 분별의 이해 ◦ 네일 구조 ◦ 피부 구조 【기 술】 ◦ 시술 매뉴얼의 사용 능력 ◦ 핑거볼 사용 능력 ◦ 족욕기 사용 능력 ◦ 큐티클 유연제 사용 능력 ◦ 시술 도구 사용 능력 ◦ 큐티클 정리 도구 사용 능력 ◦ 큐티클 상태 분별 후 정리에 대한 능력 ◦ 네일 구조 파악 능력 ◦ 피부 구조 파악 능력 【태 도】 ◦ 큐티클 정리 시 고객이 불편함이 없도록 배려하는 자세 ◦ 도구 사용 시 안전하고 정확한 바른 자세
1201010403_14v2.3 컬러링	3.1 고객의 요구에 따라 폴리시 색상의 침착을 막기 위한 베이스 코트를 아주 얇게 도포할 수 있다. 3.2 고객의 요구에 따라 컬러링 방법을 선정하고 폴리시를 도포할 수 있다. 3.3 시술 매뉴얼에 따라 폴리시를 얼룩 없이 균일하게 도포할 수 있다. 3.4 시술 매뉴얼에 따라 젤 폴리시를 얼룩 없이 균일하게 도포할 수 있다.

1201010403_14v2.3 컬러링	3.4 시술 매뉴얼에 따라 젤 폴리시를 얼룩 없이 균일하게 도포할 수 있다. 3.5 시술 매뉴얼에 따라 젤 폴리시 시술 시 UV 램프를 사용할 수 있다. 3.6 시술 매뉴얼에 따라 폴리시 도포 후 컬러 보호와 광택 부여를 위한 톱 코트를 바를 수 있다.
	【지 식】 ◦ 시술 매뉴얼에 대한 이해 ◦ 색채 구성 요소에 대한 지식 ◦ 베이스 코트 성분과 사용 방법에 대한 지식 ◦ 네일 강화제에 대한 지식 ◦ 네일 폴리시 성분에 대한 지식 ◦ 네일 폴리시 도포 방법 ◦ 네일 폴리시 디자인 방법 ◦ 젤 폴리시 성분에 대한 지식 ◦ UV 램프 기기에 대한 지식 ◦ 톱 코트 성분과 사용 방법에 대한 지식 【기 술】 ◦ 색채 구성 요소 활용 능력 ◦ 네일 강화제 사용 능력 ◦ 네일 폴리시 도포 능력 ◦ 네일 폴리시 디자인 능력 ◦ UV 램프 기기 사용 능력 ◦ 톱 코트 성분과 사용 방법 이해 능력 【태 도】 ◦ 고객의 요구 사항을 적극적으로 반영하려는 노력 ◦ 섬세하고 정확한 시술 자세 ◦ 친절하고 정성 어린 고객 응대 자세
1201010403_14v2.4 보습제 바르기	4.1 피부 상태에 따라 제품을 선택할 수 있다. 4.2 제품의 종류에 따라 각질 제거를 용이하게 할 수 있다. 4.3 피부 상태에 따라 보습 제품을 사용하여 손·발을 부드럽게 할 수 있다. 4.4 고객의 상태에 따라 보습제 바르기 매뉴얼을 적용할 수 있다.

1201010403_14v2.4 보습제 바르기	【지 식】◦ 해부 생리에 관한 지식 ◦ 피부 구조의 이해 ◦ 보습 제품의 사용법 ◦ 보습 제품의 효능 ◦ 보습제 바르기 매뉴얼의 이해 ◦ 각질 제거 방법 【기 술】◦ 보습 제품의 사용 능력 ◦ 각질 제거 능력 【태 도】◦ 보습제 바르기 시술 시 고객이 불편함이 없도록 배려 하는 자세 ◦ 보습제 바르기 시술 시 정확하고 바른 자세
1201010403_14v2.5 마무리하기	5.1 계절에 따라 냉·온 타월로 손·발의 유분기를 제거할 수 있다. 5.2 시술 방법에 따라 네일과 네일 주변의 유분기를 제거할 수 있다. 5.3 보습제의 선택 기준에 따라 제품을 선택하여 손·발에 보습제 를 도포할 수 있다. 5.4 사용한 제품의 정리·정돈을 할 수 있다.
	【지 식】◦ 네일의 유분기 제거 방법 ◦ 냉·온 타월의 사용 방법 ◦ 보습제 선택 기준 ◦ 냉·온 기기 사용법 ◦ 매뉴얼에 따라 사용되어진 제품 정리 방법 【기 술】◦ 네일의 유분기 제거 능력 ◦ 냉·온 타월 사용 능력 ◦ 보습제 선택 사용 능력 ◦ 냉·온 기기 사용 능력 【태 도】◦ 마무리 시술 시 고객이 불편함이 없도록 배려하는 자세 ◦ 작업 완료 후 깨끗하고 청결하게 정리하는 자세

적용 시 고려 사항

- 실내는 청결하고 통풍이 잘되어야 한다.
- 관리실은 분리되어 조용하고 쾌적한 분위기에서 시술한다.
- 조명은 직접 조명이 좋으며 환하고 밝아야 한다.
- 파일링 시 네일을 파일로 비비지 않고 한쪽 방향으로 시술한다.
- 푸셔와 니퍼의 정확한 각도와 사용법을 숙지하여 시술한다.
- 네일 컬러링은 일반 네일 폴리시와 젤 폴리시를 사용한 유색 네일 컬러링으로 베이스 코트, 폴리시 하기, 톱 코트 순으로 시술하는 모든 과정을 총칭한다.
- 네일 컬러링 방법에는 풀코트, 프렌치, 그러데이션 등이 있다.
- 베이스 코트는 일반 컬러용 베이스와 젤 베이스를 포함한 네일 미용 화장품으로 유색 폴리시의 네일에 대한 착색을 막으며 폴리시의 밀착력을 높여주는 제품을 말한다.
- 네일 강화제는 약해진 손톱을 보강해줄 수 있는 네일 제품을 말한다.
- 톱 코트는 일반 컬러용과 젤용을 포함한 네일 미용 화장품으로 유색 폴리시에 광택을 부여하며 지속력을 높여주는 제품을 말한다.
- 풀 코트는 큐티클에서 프리에지까지 꽉 채워진 컬러링 기법을 말한다.
- 프렌치 컬러링은 옐로 라인을 커버해야 하며 프리에지 부분을 컬러링하는 기법을 말한다.
- 그러데이션 컬러링은 한 가지 이상의 유색 폴리시를 붓이나 스펀지를 이용하여 경계가 생기지 않도록 자연스럽게 명암을 주는 컬러링 방법을 말한다.
- 젤 폴리시의 경우는 미경화된 잔류 젤을 닦아낼 수 있다.
- 젤 경화 시 광원을 보지 않도록 주의한다.

1. 프리에지 모양과 파일링 각도

(1) 스퀘어형(Square Shape) : 파일 각도를 90°로 양쪽 모서리를 굴리지 않고 각을 그대로 살린 형태이다. 손끝을 많이 사용하는 컴퓨터 종사자나 리셉션리스트에게 좋다.

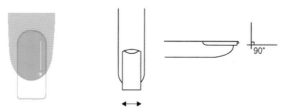

(2) 라운드 스퀘어형 (Round Square Shape) : 네모형의 손톱에 양쪽 모서리를 약간 둥글게 다듬은 형태이다. 세련미, 도회적인 느낌을 선호하는 사람에게 좋다.

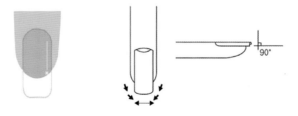

(3) 라운드형(Round Shape) : 파일 각도를 45°로 모서리에서 중앙 쪽으로 둥글게 파일하는 모양으로 여성에게도 무난하고 남성들이 가장 선호하는 형태이다.

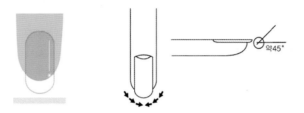

(4) 오발형(Oval Shape) : 파일 각도를 15°로 양 모서리를 더 많이 둥글게 한 것이다. 여성들이 가장 선호하며 가장 여성스러우며 아름답고 매력 있는 모양이다. 손 노출이 많은 영업사원, 리셉션리스트 등 직업 여성들이 선호한다.

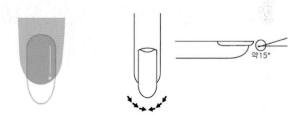

(5) 아몬드형(Almond/Point Shape) : 파일 각도를 10°정도 뉘어서 타원형보다 양쪽 모서리를 훨씬 많이 갈아 뾰쪽하게 만들어 주는 형태로 감각적이고 강한 분위기로 손가락이 가늘고 길어 보이는 것이 장점이지만 약하고 파손되기 쉬운 단점이 있다.

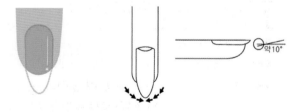

• 준비물 : 파일, 클리퍼, 더스트 패드
• 파일 잡는 방법
 - 프리에지 모양을 만들 때 파일을 잡는 방법이다.
 - 파일의 1/3 부분을 잡는다. 검지·중지·약지·소지로 고객 쪽 면을 잡고 엄지로 시술자 쪽 면을 잡는다.

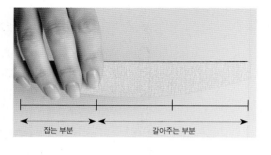

 - 손등이 보이도록 하고 팔이 바닥에 닿지 않도록 하여 손목과 손가락에 힘을 빼고 파일의 2/3 부분을 이용하여 길게 갈아 준다.

2. 큐티클 정리 방법

준비물 : 큐티클 니퍼, 큐티클 푸셔, 큐티클 오일, 큐티클 리무버

① 큐티클 오일 바르기

손톱의 큐티클을 유연하게 만들기 위해 큐티클 주변에 큐티클 오일을 발라준다. 필요하면 큐티클 리무버를 사용한다.

② 큐티클 밀기

푸셔는 연필 잡듯이 잡고 45도 각도로 큐티클을 조심스럽게 밀어 올린다. 너무 세게 밀면 손톱 표면이 긁혀 손상을 입을 수도 있다.

> **TIP** 푸셔는 폴리시를 바를 때처럼 잡는데, 소지를 손이 떨리거나 흔들리지 않도록 반대 손 약지에 지지대를 만들어 준다.

③ 큐티클 정리

니퍼를 사용하여 지저분한 큐티클을 피를 내지 않도록 주의하며 정리한다. 큐티클은 표피의 얇은 피부로 매니큐어 시술 시 제거할 때는 1mm 정도 남겨 놓고 잘라주어야 감염이 되지 않는다. 즉, 큐티클 위의 상조피(에포니키움)는 손상되지 않도록 한다.

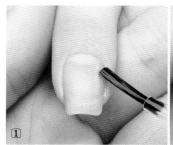
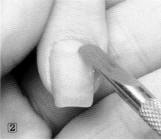

■ 니퍼 잡는 방법

① 손바닥 위에 니퍼 날이 아래로 향하게 하여 검지 부분에 니퍼의 결합 부분이 오도록 올려놓는다.

② 니퍼를 움켜쥐고 엄지를 니퍼 결합 부분 아래에 놓고 중심을 잡아 조정한다. 검지에서 약지까지의 네 손가락으로 니퍼를 움직여 준다.

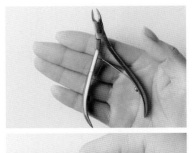

3. 컬러링 방법

1) 다섯 가지 타입의 컬러링

(1) 풀 코트(Full coat) : 손톱 전체를 꽉 채워 바르는 방법

(2) 프리에지(Free edge) : 색상의 벗겨짐을 방지하기 위하여 프리에지 부분에 폴리시를 바르지 않는 방법

(3) 헤어라인 팁(Hair line tip) : 프리에지와 같은 이유로 일단 폴리시를 풀 코트한 후 1.5mm 정도 닦아주어 파손을 사전에 방지하는 방법

(4) 슬림라인/프리월(Slim line/free wall) : 손톱이 길고 가늘게 보이도록 하는 방법으로 손톱의 양쪽 옆면을 1.5mm 정도 남기고 바르는 방법

(5) 하프문/루눌라(Half moon/Lunula) : 손톱의 반달 부분을 남겨 놓고 바르는 방법

【풀 코트】　　【프리에지】　　【헤어라인 팁】　　【슬림라인】　　【하프문】

2) 네일 폴리시 바르는 방법

(1) 폴리시를 섞을 때는 양 손바닥 안에 놓고 돌리며 섞어준다.

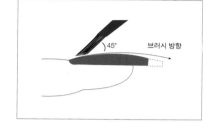

(2) 폴리시 바를 때 브러시의 각도는 45도로 발라준다.

(3) 얇게 바르되 색상에 따라 2~3회 정도 반복해서 바른다.

(4) 프리에지 밑 부분도 바른다.

(5) 프리에지 끝에서 브러시를 멈추지 말고 손톱이 더 길다는 생각으로 길게 펴 발라야 한다. 그래야 끝이 뭉치지 않고, 기포가 안 생기고, 얇게 펴 바를 수 있다.

(6) 베이스 코트는 폴리시가 잘 밀착될 수 있도록 가능한 얇게 펴 바른다. 네일 보강제는 베이스 코트 바르기 전에 바르기도 하고 네일 보강제만 바르기도 한다.

(7) 톱 코트는 베이스 코트보다 약간 두껍게 바르고 브러시를 너무 눌러 바르면 색상에 얼룩과 브러시 자국이 생기므로 가볍게 발라 준다. (폴리시가 마른 후 톱 코트를 바르는 것이 색상을 오래 지속하게 한다.)

3) 폴리시 병 잡는 방법과 폴리시 양 조절 방법

(1) 폴리시 병 잡는 방법

① 손바닥의 중앙에 폴리시 병을 올려놓고 엄지 부분과 약지 · 소지로 폴리시 병을 잡는다.

② 엄지 · 검지로 고객 손가락을 잡고 중지는 곧게 펴서 받침대로 쓴다.

(2) 브러시(뚜껑) 잡는 방법

① 반대쪽 손의 엄지 · 검지 · 중지로 폴리시 뚜껑을 잡고 소지로 지지대를 만들어 폴리시 병을 잡고 있는 중지에 놓고 폴리시를 발라 준다.

(1)　　(2)

(3) 폴리시 양 조절 방법

① 브러시 대에 묻어 있는 폴리시를 제거 방법

　- 브러시 대를 위쪽으로 올리면서 폴리시를 쓸어내려 준다.

② 브러시의 폴리시 양 조절 방법

　- 시술자 쪽의 브러시 면을 위로 올리면서 아래로 훑어준다.

③ 고객 쪽의 브러시 면을 쓸어 올리면서 시술자 쪽 병 입구에 흘러내려 가고 있는
　폴리시를 떠서 가지고 나온다

④ 시술자 쪽의 브러시 1/3 지점에 폴리시를 떠오는 것으로 고객 쪽에는 폴리시가
　없어야 한다.

← 고객 쪽　　← 고객 쪽　　고객 쪽　　시술자 쪽

4) 풀 코트

(1) 준비물 : 폴리시, 베이스 코트, 톱 코트, 리무버, 오렌지 우드 스틱, 퍼프

(2) 폴리시 바르는 방법은 베이스 코트 1회 → 폴리시 2회 → 톱 코트 1회 바른다.

  • 베이스 코트 - 컬러(2~3코트) - 톱 코트

(3) 폴리시 바르는 방법은 두 가지가 있다.

【폴리시 바르는 방법 1】

【폴리시 바르는 방법 2】

4. 보습제 바르기

보습제 바르기란 손바닥이나 손가락 끝으로 피부나 근육을 이완시키며, 대사를 돕거나 혈액 순환을 개선시키고 심장으로 가는 혈액의 흐름을 증가시키는 방법이다. 가볍게 또는 세게 두드리는 방법(Effleurage)은 근육을 이완시키며 표피의 모세혈관 순환을 개선시키고 심장으로 가는 혈액의 흐름을 증가시키는 방법이며, 압박법(Petrissage)은 주무르거나 쥐어짜거나 마찰하는 방법으로 힘줄을 늘여주므로 움직임을 쉽게 해준다. 타법(Tapotement)은 손의 측면으로 피부 표면을 계속 빠르게 두드리는 것으로 혈액 순환을 향상시킨다.

로션, 아로마 오일, 크림 마사지는 피부에 영양분이 흡수되어 윤기와 부드러움을 주며, 혈액 순환을 촉진시키고 근육을 풀어주어 탄력과 유연성을 더하여 고객의 편안함과 휴식을 줄 수 있다.

1) 손과 팔 보습제 바르기

매니큐어는 핸드 보습제 바르기까지 포함된다. 손과 팔을 비비고 주물러서 피부를 따뜻하게 하고 모공을 열어 로션이 스며들어 피부를 부드럽게 한다. 몸 전체의 혈액 순환을 돕고 피부에는 영양 공급이 원활하게 도와 부드럽고 탄력 있는 피부를 만들어 준다.

> **TIP** **보습제를 피해야 할 사람**
> 고혈압, 심장병, 중풍 등의 질병이 있는 고객에게는 보습제 서비스를 피해야 하며, 관절염을 앓았거나 관절염이 있는 고객은 아주 조심스럽게 보습제를 바른다.

(1) 시술에 필요한 기본 재료

로션, 스팀 타월

(2) 시술 과정

① 로션 발라 문지르기

적당량의 로션을 골고루 펴 바른 후 팔의 안쪽과 바깥쪽을 쓰다듬는 동작으로 심장을 향해 쓸어 올려준다.

② 손목에서 나선형으로 돌리면서 팔꿈치까지 보습제를 바른다.

③ 손목에서 팔꿈치로 압을 주어 쭉쭉 올려주기, 사선 문지르기

④ 팔 비틀기 동작

양손으로 팔의 아래 위를 잡고 빨래 짜듯이 팔을 서로 반대 방향으로 비튼다.

⑤ 손등 쓰다듬기

양손을 이용해서 고객의 손을 가볍게 문지르고 비벼주어 손과 팔의 긴장을 없애주고 편안한 기분을 만들어 준 후 엄지로 원을 손등에 그린다. 고객의 손을 위쪽으로 잡고 양 엄지로 손등의 위쪽부터 아래쪽으로 빙빙 돌려가면서 나선형으로 내려온다.

⑥ 손가락 사이 문지르기

손바닥 위에 고객의 손바닥을 올려놓고 손등의 건 사이를 쓸어 준다.

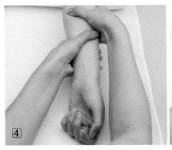  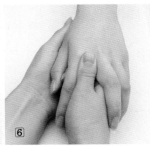

⑦ 손가락 관절 원 그려 풀어주는 동작

손가락을 둥근 원을 그리는 식으로 돌리면서 관절을 풀어준 후 손가락 끝을 눌러준다. 새끼손가락부터 시작하여 엄지손가락까지 매 손가락에 약 3~5회씩 실시한다.

⑧ 손가락 관절 위 · 아래 동작

시술자의 중지와 검지 사이에 고객의 새끼손가락부터 손가락을 넣고 손가락 마디 사이를 가볍게 눌러준 후 위아래, 좌우로 2~3회 왕복하여 훑어준 후 가볍게 손가락 끝을 튕겨준다.

⑨ 손목 근육 풀어주기

시술자의 왼손으로 고객의 팔목을 잡아주고 오른손으로 고객의 손에 깍지를 껴 팔목을 돌려준다. 3~5회 반복

 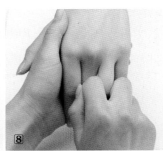 

⑩ 손바닥 문지르고 스트레칭

시술자의 양쪽 새끼손가락을 고객의 1, 2지와 4, 5지 사이에 끼워 고정시킨 후 엄지를 이용하여

- 교대로 압을 주어 가지치며 올라갔다가 쓸어내린다.
- 양쪽 엄지손가락을 각각 밖으로 사선으로 돌려가며 마사지한다.

⑪ 손바닥 진정시킨 후 쳐주기

고객의 손을 시술자의 손바닥에 고정시키고 주먹으로 손끝에서부터 손바닥 전체를 쭉 밀어 올렸다가 손바닥을 펴고 쓸어내린 후 손바닥에 대고 툭툭 쳐주면 상쾌한 느낌을 갖게 하고 긴장을 풀어 준다.

⑫ 손등 경타

시술자 손바닥 위에 손을 올려놓고 주먹으로 고객의 손등을 3~5회 두드려 주며 마무리한다.

⑬ 스팀 타월

손의 유분기를 제거하고 수렴 화장수를 발라준다.
왼손이 끝나면 오른손도 같은 방법으로 시술한다.

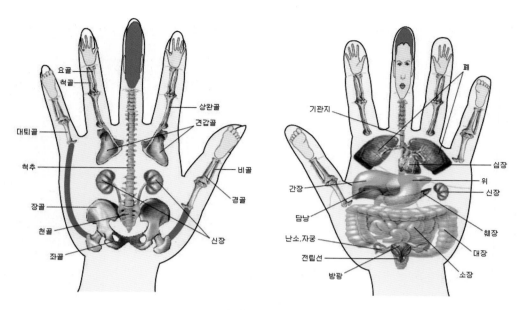

【손의 반사구】

2) 발과 다리 보습제 바르기

발은 인체의 모든 기관과 연결되어 있어 발의 건강은 몸 전체의 건강과 직결된다. 발에는 발등과 아킬레스건에 각각 한 개씩 두 개의 맥박이 흐르고, 엄청난 수의 모세혈관과 자율신경이 있어 발을 제2의 심장이라 한다. 발은 심장에서 가장 먼 위치에 자리 잡고 있기에 엄청난 펌프작용으로 밀어낸 혈액이 다시 심장으로 되돌아오는 데에 어려움이 있다.

발은 발바닥에 분포되어 있는 수많은 말초신경, 즉 신경 반사점을 문지르고, 눌러주고, 비벼주고, 두들겨주면 근육이 이완되고 혈액 순환이 좋아지며 긴장과 스트레스를 풀어준다. 신체의 장기 부위에 연계되어 있는 발가락 부위는 머리에 상응하는 부위로 건망증, 치매 예방, 중풍에 도움이 되며 발바닥은 어깨 결림, 발바닥 중앙 들어간 부분은 소화불량, 당뇨, 변비, 발뒤꿈치 부분은 생리 불순, 생리통, 전립선에 도움이 되며 질병의 예방과 건강 회복에 도움을 준다.

지속적인 발 관리는 오장육부의 활동을 정상화시켜 건강 유지에 도움을 주며, 내분비

선의 균형을 유지시키고 기관의 긴장을 완화시켜 아름답고 매끈매끈한 감촉 좋은 발을 가질 수 있다.

발 보습제 바르기는 사람의 혈액 순환을 원활하게 해주고 안락함을 느끼게 하여 피로와 스트레스를 없애 준다.

(1) 시술에 필요한 기본 재료

로션, 스팀 타월

(2) 시술 과정

① 로션 발라 문지르기

적당량의 로션을 골고루 펴 바른 후 팔의 안쪽과 바깥쪽을 쓰다듬는 동작으로 심장을 향해 쓸어 올려준다.

② 종아리 부분을 주물러 풀어주고 위로 쭉쭉 펴 올려주며 보습제를 바른다.

건강하지 않은 사람들의 종아리는 딱딱하게 굳어 있고 또 피부가 차갑다. 건강한 사람들의 종아리는 부드럽고 따뜻하다.

③ 비골 · 경골 올려주기

노폐물은 비골과 경골 밑에 일부 정체되므로 노폐물을 연질로 만드는 효과가 있고 혈액 촉진이 향상된다.

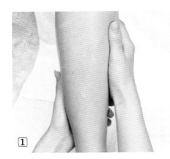
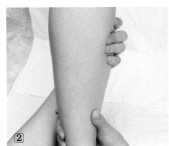
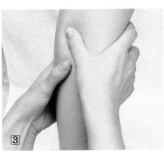

①   ②   ③

④ 발등 보습제 바르기

양손을 이용해서 고객의 발을 가볍게 문지르고 비벼준 후 양손 엄지로 발등에 원을 그리듯 위쪽부터 아래쪽으로 빙빙 돌려가면서 나선형이나 원형으로 내려온다.

⑤ 발가락 사이 건 밀기

발가락 사이에는 편도선 림프선과 상반신 림프선이 있어 감기 예방에 좋고, 평형 기관이 있어 현기증이나 고혈압 환자에게 좋다.

⑥ 한 손으로 발을 잡고 다른 한 손으로 발가락 마디 사이를 가볍게 눌러 관절을 풀어 보습제 바르기

발가락 관절을 풀어줌으로써 만성 피로와 코골이가 있을 때 도움을 준다.

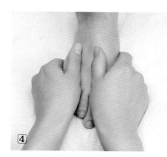 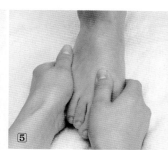 

⑦ 발가락 튕겨주기

시술자의 검지와 중지 사이에 고객의 새끼발가락부터 끼고 손가락 마디 사이를 가볍게 눌러준 후 위아래, 좌우로 2~3회 왕복하여 훑어준 후 가볍게 발가락 끝을 튕겨주면 머리 부분이 맑아진다.

⑧ 발바닥 용천 누르기

엄지손가락으로 용천(둘째 발가락과 셋째 발가락 사이 발바닥 아래에 八자 모양이

교차되는 곳) 부분을 3회 누른 후 다른 반사구들도 눌러 준다.

• 용천혈을 지속적으로 자극하는 지압요법은 혈액 순환이 촉진되어 발에 몰려 있는 독소나 침전물 등에 자극을 주어 분해 및 기능을 회복시키는 효과가 있다.

⑨ 발바닥 전체 반사구 주먹 쥐고 문지르기

시술자의 왼손으로 고객의 발목을 잡아주고 오른손으로 주먹 쥐고 고객의 발바닥의 반사구를 위 → 아래로 내리고 좌측 → 우측으로 원을 그리듯 돌려 3~5회을 반복해 준다.

 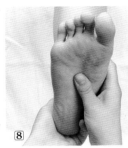 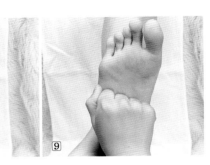

⑩ 발뒤꿈치 눌러주기

발의 복사뼈 안쪽과 바깥쪽 밑을 눌러주면 생식기 반사구가 있어 자궁, 전립선 등의 기능 향상에 도움을 준다. 강하게 뒤꿈치 외곽을 누른 후 중앙을 눌러 지속적으로 관리하면 각질과 갈라진 것에 도움을 준다.

⑪ 전체 문지르기

쌓여 있던 노폐물을 배출시켜 주어 발이 가벼워진다.

⑫ 종아리 경타

긴장했던 근육을 풀어주고 혈액 순환을 촉진시키며 노폐물 배출에 도움이 된다.

 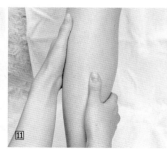 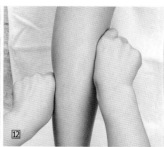

13 발등 경타

시술자 손바닥 위에 발을 올려놓고 주먹으로 고객의 발등을 3~5회 두드려 주며 마무리한다.

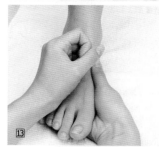

14 스팀 타월

발의 유분기를 제거하고 왼발이 끝나면 오른발도 같은 방법으로 시술한다.

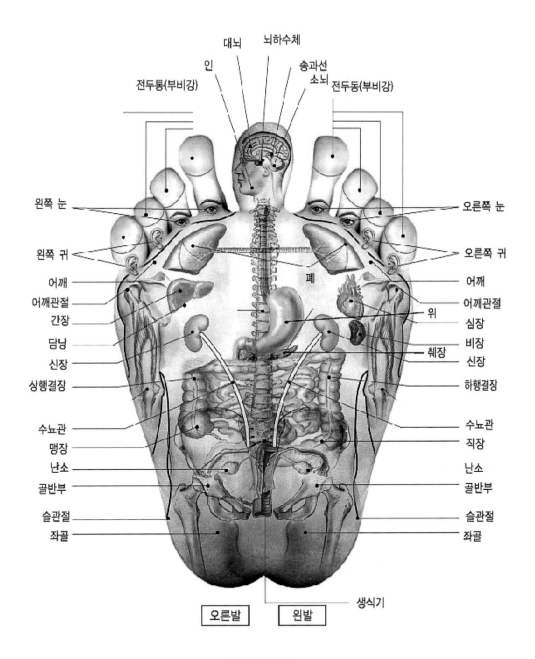

대뇌 뇌하수체

인 송과선
소뇌

전두통(부비강) 전두동(부비강)

왼쪽 눈 오른쪽 눈

왼쪽 귀 오른쪽 귀

어깨 폐 어깨
어깨관절 어깨관절
간장 위
담낭 심장
신장 비장
상행결장 췌장
신장
수뇨관 하행결장
맹장 수뇨관
난소 직장
골반부 난소
슬관절 골반부
좌골 슬관절
좌골

생식기

오른발 윈발

【발의 반사구】

3) 각질 제거하기

(1) 각질 제거제의 종류

① 스크럽 : 작고 거친 입자들이 들어 있어 피부에 바른 후 직접 문질러 각질을 벗겨내는 방법으로 단점은 피부에 자극이 될 수 있고 균일한 제거도 되지 않아 민감성 피부에 부적합하다.

② 고마지 겔형 : 문지르면 때처럼 밀려 나오는 형식으로 셀룰로오스 성분이 밀리면서 각질이 함께 떨어져 나와 비교적 자극이 덜한 방법이다.

③ 워셔블형 : 바르고 문질러 준 후 물로 씻어내는 방법이다.

(2) 시술에 필요한 기본 재료

고마지 겔, 스팀 타월

(3) 시술 과정

1 각질 제거제 바르기

적당량의 각질 제거제를 손등에 골고루 펴 바른 후 5~10분 정도 준다.

2 각질 제거하기

손등 안쪽에서 바깥쪽으로 돌려주면서 각질을 제거한다.

3 스팀 타월

스팀 타월로 남아 있는 노폐물을 제거하고 보습제를 발라 준다.

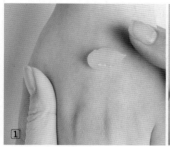 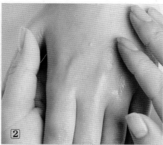 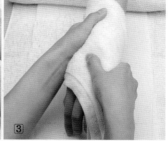

TIP 보편적으로 네일 서비스의 컬러링 전 단계에 시술한다.

5. 네일 기본 관리(습식 매니큐어)

매니큐어란 손 관리라는 뜻으로 네일의 모양 정리, 큐티클 정리, 보습제 바르기, 컬러링 등이 포함되며 건강하고 아름다운 네일을 유지하기 위해서는 라이프 스타일, 계절, 연령에 맞는 손톱 형태와 컬러를 선택하여 시술한다.

매니큐어 종류에는 레귤러 매니큐어(Regular manicure)인 습식 매니큐어(Water manicure), 프렌치 매니큐어(French manicure), 그러데이션 매니큐어(Gradtion manicure) 건성 피부를 위한 파라핀 매니큐어(Paraffin manicure), 핫 크림 매니큐어 (Hot cream manicure) 등으로 나눌 수 있다.

1) 시술에 필요한 기본 재료

스킨 소독제(안티셉틱), 지혈제, 70% 알코올, 습식 소독기, 클리퍼, 파일, 핑거볼, 네일 브러시, 니퍼, 푸셔, 큐티클 오일, 오렌지 우드 스틱, 라운드 패드, 샌딩블럭, 로션, 베이스 코트, 유색 폴리시, 톱 코트, 폴리시 리무버(넌 아세톤), 솜, 타월, 페이퍼 타월, 고객용 손목 받침대 등

2) 사전 준비(습식 매니큐어를 위한 테이블 세팅 방법)

(1) 테이블을 소독하고 재료 정리 및 기구를 소독한다.

(2) 유리 용기(투명, 무색) 바닥에 솜을 넣고, 70% 알코올을 용기의 80% 이상 채운 후 니퍼, 푸서, 클리퍼 오렌지 우드 스틱, 더스트 브러시 등을 소독한다.

(3) 핑거볼에 살균 비누를 푼 미지근한 물을 준비하여 고객의 오른손 옆에 둔다.

(4) 시술 전 고객의 피부와 손톱을 관찰하여 이상 유무를 확인한다.

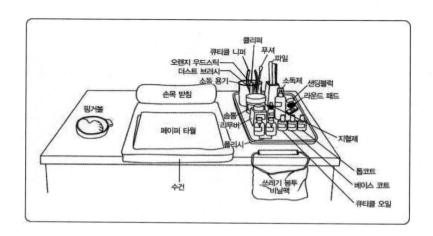

3) 네일 기본 관리 (습식 매니큐어) 시술 과정

① 소독

솜에 소독제를 적당히 묻혀 시술자의 손을 먼저 소독하고 고객의 손을 소독한다.

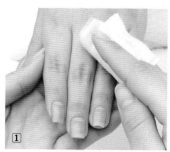

② 폴리시 제거

리무버(비아세톤)를 솜에 묻혀 손톱에 약 5초 동안 얹었다가 네일 끝까지 문지르듯이 내려오며 닦아 제거한다. 네일 주위나 밑의 폴리시는 오렌지 우드 스틱 끝에 솜을 말아 리무버를 묻혀 제거한다.

③ 프리에지 모양 만들기

   ① 자연 네일은 결대로 한쪽 방향으로 파일링한다. (양쪽 코너에서 반드시 중앙을 향하도록 한다.)

   ② 라운드 패드로 네일 밑에 거스러미를 제거한다.

   ③ 샌딩블럭으로 사이드 면을 잡고 손톱 표면을 버핑하여 표면을 매끄럽게 한다.

  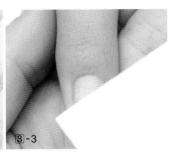

③-1   ③-2   ③-3

④ 핑거볼에 손 담그기 (큐티클 연화시키기)

핑거볼에 항균비누(역성비누)를 첨가한 미온수를 담아 모양 잡기가 끝난 왼손을 담그는 동안 오른손도 손톱 모양을 잡은 후 교대로 담근다. 혹시 조구나 손톱 밑에 지저분한 것이 남아 있으면 네일 브러시로 씻어 준다.

⑤ 큐티클 오일 바르기

왼손의 물기를 제거하고 손톱의 큐티클을 유연하게 만들기 위해 큐티클 주변에 오일을 발라준다.

⑥ 큐티클 밀기

푸셔는 연필 잡듯이 잡고 45도 각도로 큐티클을 조심스럽게 밀어 올린다. 너무 세게 밀면 손톱 표면이 긁혀 손상을 입을 수도 있다.

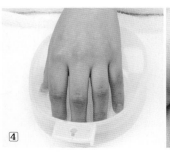 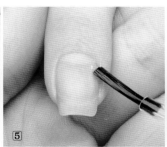 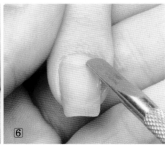

7 큐티클 정리

니퍼를 사용하여 지저분한 큐티클을 피를 내지 않도록 주의하며 정리한다. 큐티클은 표피의 얇은 피부로 매니큐어 시술 시 제거할 때는 1mm 정도 남겨 놓고 잘라 주어야 감염이 되지 않는다. 즉, 큐티클 위의 상조피(에포니키엄)는 손상되지 않도록 한다. (왼쪽손이 끝나면 깨끗한 타월 위에 쉬게 하고 오른손도 시술한다.)

8 손 소독

예민해진 큐티클 주변의 세균 감염을 막기 위해 스킨 소독제(안티셉틱)로 소독해 준다.

9 보습제 바르기

  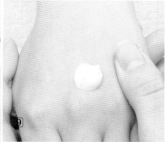

⑩ 유분기 제거

오렌지 우드 스틱에 솜을 말아 리무버를 묻혀 손톱 주위와 프리에지 밑에 남아 있는 유분기를 깨끗이 제거한다.

⑪ 베이스 코트(1회)

폴리시가 잘 밀착될 수 있도록 가능한 얇게 펴 바른다. 네일 보강제는 베이스 코트 바르기 전에 바르기도 하고 네일 보강제만 바르기도 한다.

⑫ 유색 폴리시(2회)

폴리시는 네일의 양옆과 프리에지(손톱 끝) 부분까지 풀 코트(full coat)로 얇게 2번 바른다. 폴리시는 최대한 큐티클 가깝게 발라준다. 폴리시 브러시 각도를 45도로 하여 얇게 펴 바른다.

  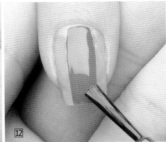

⑬ 톱 코트(1회)

베이스 코트보다 약간 두껍게 바른다.
색상이 어느 정도 마른 후 톱 코트를 바르면 색상이 오래 지속될 수 있다.

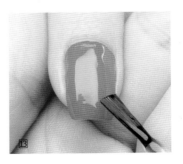

① 폴리시 건조 방법

자연 건조, 건조기(fan), 건조 스프레이, 건조 액체 등이 있다.

② 시술 사후 처리

손님의 손톱 상태에 따라 큐티클 오일을 발라주거나 손톱 영양제를 바르는 것이 좋다.

③ 손톱 표백(Bleach Nail)

고객의 자연 네일이 누렇게 변색되어 있을 경우 손톱 표면을 손상 주지 않을 정도로 파일링을 하거나, 손톱 전용 표백제나 과산화수소수 20볼륨을 오렌지 우드 스틱에 묻혀 피부에 닿지 않게 손톱을 표백해 준다.

6. 프렌치 매니큐어(French manicure)

프렌치 매니큐어는 자연적인 색상으로 풀 코트(full coat) 해주고 자유연(프리에지)에 흰색 폴리시를 발라주는 방법이며 자연스럽고 우아하여 결혼식 때 신부들이 가장 많이 선호하고 일반인도 많이 하며 프렌치의 색과 모양이 변형되기도 한다. 폴리시나 젤, 아크릴릭을 사용하여 하기도 하나 젤이 가장 가벼운 느낌과 깨끗함을 느낄 수 있다. 에어 브러시로 작업하여도 가벼운 느낌과 깔끔한 느낌을 준다.

1) 프렌치 라인의 종류

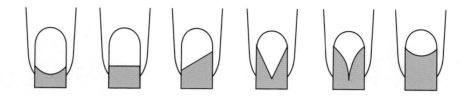

2) 시술에 필요한 기본 재료

습식 매니큐어 재료, 흰색 폴리시, 네추럴 폴리시(연핑크, 연베이지색 계열), 톱 코트 (투명), 베이스 코트

3) 시술 과정

매니큐어와 시술 과정은 동일하며 컬러링 기법이 다르다.

1 베이스 코트

최대한 얇게 자유연(프리에지)까지 풀 코트(full coat) 한다.

2 자연색 폴리시 바르기

내추럴 폴리시(연핑크, 연베이지색 계열)을 손톱 전체에 얇게 바른다. (손톱 표면 이 깨끗할 경우 생략하여도 무방하다.)

3 스마일 라인-2회

폴리시를 손톱의 프리에지 부분에 스마일 라인을 얇게 한 번 발라주고 두 번째 바를 때는 얼룩이 지고 선이 선명하도록 깨끗이 마무리하여 발라준다. 양이 뭉치거나 너무 두껍게 바르면 밀리거나 쉽게 벗겨지니 최대한 얇게 바른다.

  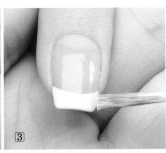

④ 톱 코트

자연색 폴리시를 얇게 펴 바르고 톱 코트를 바르
기도 하고 톱 코트로만 마무리하여도 무방하다.
프렌치 라인이 밀리지 않도록 가볍게 바르고, 약
간 두껍게 바른다.

7. 딥 프렌치 매니큐어(Deep french manicure)

딥 프렌치 매니큐어는 네일 보디의 반월을 제외한 2/3 지점까지 폴리시로 스마일 라인
을 그려주는 방법이다. 딥 프렌치는 색과 모양을 다양하게 변형하여 시술하기도 한다.

1) 시술에 필요한 기본 재료

습식 매니큐어 재료, 흰색 폴리시, 베이스 코트, 톱 코트(투명)

2) 시술 과정

매니큐어와 시술 과정은 동일하며 컬러링 기법이 다르다.

① 베이스 코트

최대한 얇게 자유연(프리에지)까지 풀 코트(fullcoat) 한다.

② 스마일 라인-2회

폴리시를 네일 보디의 반월을 제외한 2/3 지점에 스마일 라인 선은 선명하고 얼룩
이 생기지 않도록 얇게 프리에지 부분까지 바른 후 한 번 더 덧바른다. 양이 뭉치거
나 너무 두껍게 바르면 밀리거나 쉽게 벗겨지니 최대한 얇게 바른다.

③ 톱 코트

프렌치 라인이 밀리지 않도록 가볍게 바르고, 약간 두껍게 바른다.

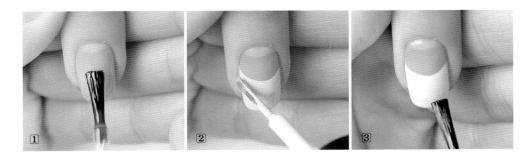

8. 그러데이션 매니큐어(Gradation manicure)

그러데이션 기법은 일반적으로 어두운색에서 밝은색으로 하고 한 가지, 두 가지 이상 색상으로 점진적이며, 매끄럽게, 단계적으로 변해 가는 것을 말한다. 디자인 원리로서의 그러데이션은 일련의 점진적인 변화를 사용하는 것으로 네일아트에 미술 요소들을 결합하는 방법을 의미하며 네일아트의 기본 기법이기도 하다.

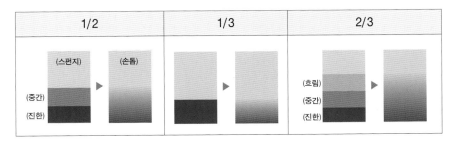

【스펀지에 묻혀 주어야 할 부분】

1) 시술에 필요한 기본 재료

습식 매니큐어 재료, 스펀지, 폴리시, 톱 코트(투명), 베이스 코트

2) 시술 과정

매니큐어와 시술 과정은 동일하며 컬러링 기법이 다르다.

① 베이스 코트

최대한 얇게 자유연(프리에지)까지 풀 코트(full coat) 한다.

② 그러데이션 하기

그러데이션은 폴리시를 스펀지(브러시 사용 가능) 끝쪽부터 필요한 컬러의 양을 묻혀서 손톱의 1/2 또는 1/3, 2/3의 부분만큼을 톡톡 찍어서 반복 작업해 준다.
① 폴리시(컬러)의 양은 적당량을 취해야 뭉치지 않고 자연스럽게 될 수 있다.
② 스펀지를 한 번에 찍어내기보다는 비슷한 위치에서 반복적으로 가볍게 두들겨 주는 것이 자연스러운 그러데이션을 형성시킬 수 있다.

③ 톱 코트

그러데이션이 밀리지 않도록 가볍게 바르고, 약간 두껍게 바른다.

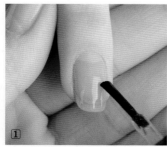  

> **TIP** 그러데이션 색상은 진한 색에서 흐린 색으로 나타날 수 있도록 색상 선정을 진한 색, 중간 색, 흐린 색을 잘 사용하여야 하며, 사람 손에 직접 할 때는 네일 크기에 맞도록 그러데이션하여야 한다.

9. 젤 매니큐어(Gel manicure)

젤 매니큐어는 젤 폴리시를 이용하여 컬러링을 하는 방법이다. 네일 폴리시와 똑같은 방법으로 풀 코트, 프렌치, 딥 프렌치, 그러데이션 등을 시술할 수 있다. 단, 젤 폴리시는 자연 드라이가 되지 않으므로 원 코트 바를 때마다 큐어링을 해야 한다.

1) 시술에 필요한 기본 재료

습식 매니큐어 재료, 젤 폴리시, 베이스 젤, 톱 젤(투명), 램프, 젤 클렌저

2) 시술 과정

매니큐어와 시술 과정은 동일하며 컬러링 기법이 다르다.

1 유분 제거

2 베이스 젤(1회)

　젤 폴리시가 잘 밀착될 수 있도록 가능한 얇게 펴 바른다.

3 큐어링

　1~2분 큐어링한다. (제품사마다 다름)

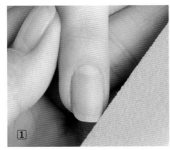

④ 유색 젤 폴리시(2회) 및 큐어링(2회)

젤 폴리시는 네일의 양옆과 프리에지(손톱 끝) 부분까지 풀 코트(full coat)로 얇게 바르고, 1~2분 큐어링한다. (제품사마다 다름) 똑같은 방법으로 한 번 더 바르고 큐어링한다.

⑤ 톱 젤(1회)

베이스 코트보다 약간 두껍게 바른다.

⑥ 큐어링 후 젤 크리너로 닦고 마무리

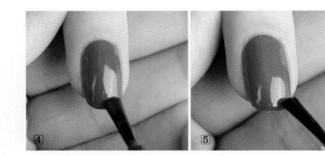

10. 파라핀 매니큐어(Paraffin manicure)

파라핀 매니큐어는 겨울철의 수분 부족으로 건조한 손톱과 거친 피부를 가진 고객들에게 효과적이며, 혈액 순환이 좋지 않거나 관절염 환자에게 물리치료에 사용해 혈액 순환을 촉진시키고 신진대사가 좋아지는 효과가 있다.

파라핀은 유칼리투스(eucalyptus), 라놀린(lanolin), 맨솔(menthol), 비타민 E(토코페놀), 피취 오일(peach oil), 코코넛 오일(coconut oil), 콜라겐 성분 및 아로마 오일을 첨가하여 피부와 인체에 좋은 효과를 볼 수 있어 남녀노소 많이 하고 있다. 피부에 상처가 있고 데였거나 습진, 빨갛게 부어 오르고 혈관계에 이상이 있으면 시술을 삼가야 한다.

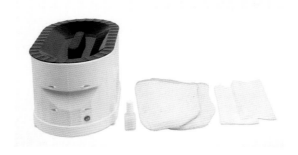

1) 시술에 필요한 재료

습식 매니큐어 재료, 파라핀 왁스, 파라핀 워머, 파라핀용 장갑, 비닐주머니

2) 사전 준비

① 테이블을 소독하고 재료 정리 및 기구를 소독한다.

② 파라핀 왁스 온도는 52~55℃(126~138°F) 되어야 하고, 녹이는데 약 4~5시간 소요
   되므로 미리 파라핀 왁스 상태를 확인하여야 한다.

3) 시술 과정

1 습식 매니큐어를 실시한다.

2 베이스 코트

베이스 코트를 꼼꼼히 발라 완전 건조 후 파라핀에 담근다. 파라핀 자체의 유분이
있어 폴리시를 바르면 손톱 표면에 밀착되지 않고 들뜨게 되기 때문이다.

3 파라핀에 담그기

손에 로션이나 아로마 오일을 바르고 서서히 파라핀에 팔목까지 담갔다 빼기를

3~5회 반복해야 외부의 온도와 차단되고 보온 효과를 통해 모공 속에 파라핀의 영양이 공급된다.

④ 비닐장갑 씌우기

열이 외부로 빠지는 것을 방지한다.

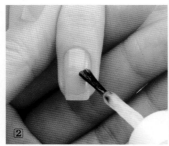 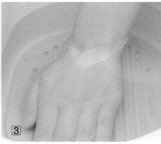 

⑤ 파라핀용 장갑 씌우기

8~10분 정도 둔다. 오른손에도 동일한 방법으로 한다.

⑥ 파라핀 벗기기

장갑을 벗기고 파라핀을 벗긴 후 파라핀을 손끝 방향으로 벗겨낸 후 미리 발라두었던 로션이나 오일이 피부에 완전히 흡수될 때까지 흡수시켜 준다.

⑦ 베이스 코트를 지우고 유분 정리 후 컬러링

 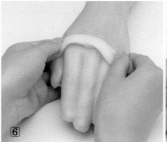 

- 파라핀을 손에 입힌 후 15분 정도 유지하는 것이 좋으나 건성이면 5분 더 유지하고, 지성이면 5분 정도 일찍 제거하도록 한다.
- 손뿐만 아니라 발에 사용해도 좋고 손과 발의 용기를 따로 하는 것이 좋다.
- 한 번 사용한 파라핀 왁스는 재활용하지 말고 고객의 위생상 버려야 한다.
- 네일숍에서 시술이 가능한 파라핀 매니큐어로 이상 네일인 '표피 조막'을 교정할 수 있다.

11. 페디큐어(Pedicure)

패디큐어는 1950년대 일반화되기 시작했으며 발과 발톱을 손질하고 보습제를 발라서 근육을 풀어주고 혈액 순환을 원활하게 하여 편안함을 느끼게 해 피로를 풀어주며 청결하고 아름답게 가꾸어 주는 발 미용이다. 특히, 발 노출이 많은 여름철에 가장 선호하며 슬리퍼나 샌들을 신었을 때 효과가 높다.

1) 시술에 필요한 재료

습식 매니큐어 재료, 페디 파일, 콘커터, 각탕기, 토우 세퍼레이터, 살균비누

2) 사전 준비

① 테이블을 소독하고 재료 정리 및 기구를 소독한다.

② 스파나 각탕기에 살균비누를 넣은 따뜻한 물을 준비한다.

③ 고객을 편하게 시술할 수 있도록 신발과 양말을 벗도록 한다.

④ 발톱의 이상 유무를 확인하여 시술 불가능한 경우 의사의 검진을 받도록 권유한다.

3) 시술 과정

① 소독

시술자의 손을 먼저 소독하고 고객의 발을 소독한다.

② 폴리시(에나멜) 제거

리무버(비아세톤)를 솜에 묻혀 발톱에 약 5초 동안 얹었다가 네일 끝까지 문지르듯이 내려오며 닦아 제거한다. 발톱 주위나 밑의 폴리시는 오렌지 우드 스틱 끝에 솜을 말아 리무버를 묻혀 제거한다.

③ 길이 정리 및 모양 만들기

모양은 반드시 한 방향으로 일자로 다듬고 양 코너는 날카로운 것만 없애 주기 위해 중앙으로 살짝 파일한다. 스퀘어 모양으로 갈아주어 인그로우 네일(조내생증)을 막아준다.

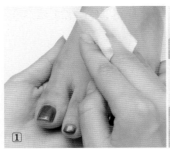  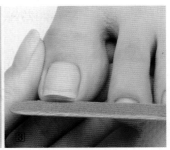

④ 라운드 패드로 거스러미를 제거한다

⑤ 표면 샌딩하기

표면이 거칠거나 기복이 심한 고객에게 샌딩블럭으로 표면을 매끄럽게 한다.

⑥ 살균비누가 첨가된 미온수에 발 담그기

왼발이 끝나면 담그고 오른발에도 반복 시술하여 정리가 끝나면 물속에 5분 정도
발을 불린다. 국가자격 검정 때는 분무기로 발등과 발바닥에 물을 분사하여 큐티
클을 불린다.

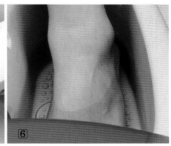

⑦ 큐티클 오일 바르기

왼발을 꺼내 타월로 물기 제거 후 큐티클 오일을 바른다.

⑧ 큐티클 밀기

푸셔를 연필 잡는 식으로 잡고 45도로 큐티클을 밀어주며 너무 세게 밀지 않는다.

⑨ 큐티클 정리하기

큐티클은 1mm를 남기고 지저분한 것만 정리한다.

10 각질(굳은살) 제거

① 콘커터

충분히 불린 후 콘커터를 발바닥 족문의 결 방향대로 안쪽에서 바깥쪽으로 사용한다. 충분히 불리지 않으면 위험하다.

10 -1

② 패디 파일

패디 파일이나 패디 스톤에 로션, 스크럽을 묻혀 발뒤꿈치를 포함한 발바닥을 족문 방향(피부결)으로 10~20초 정도 문질러준 후 물에 헹구어 물기를 닦는다.

10 -2

TIP 국가자격 검정 때는 생략

11 소독제(안티셉틱) 뿌리기

세균 침투를 방지하고 피부를 진정시키기 위해 뿌려준다.

⑫ 보습제 바르기

적당량의 로션을 다리와 발에 골고루 발라준다.

⑬ 발톱 유분기 제거 및 클린

오렌지 우드 스틱에 솜을 말아 리무버에 적신 후 제거한다.

 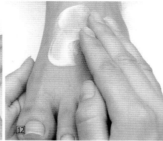 

⑭ 토우 세퍼레이터 끼우기

반영구적인 토우 세퍼레이터를 많은 고객에게 사용하는 것보다 위생상 페이퍼 타
월 접어 일회용으로 매 고객에게 사용하는 것도 좋은 방법이다.

⑮ 베이스 코트(1회)

폴리시가 잘 밀착될 수 있도록 가능한 얇게 펴 바른다. 네일 보강제는 베이스 코트
바르기 전에 바르기도 하고 네일 보강제만 바르기도 한다.

⑯ 유색 폴리시(2회)

폴리시는 얇게 2~3회 반복하여 원하는 색상이 나오도록 발라준다.

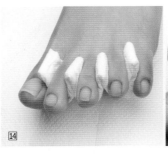

17 톱 코트(1회)

브러시 끝에 힘을 주지 않고 적당량을 가볍게 펴
바른다.

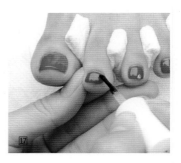

NAIL COSMETOLOGY **03**

NCS기반 네일테크닉

01. 네일 테크닉의 이해

1. 인조 네일 시술이 필요한 상황

① 자연 네일이 찢어졌을 때
② 자연 네일이 부러지지 않고 자라게 할 때
③ 자연 네일의 길이를 연장할 때

2. 인조 네일의 구조

1) 아치(Arch)

- 중앙의 손톱과 결합하여 아치는 손톱의 밸런스를 이룬다.
- 네일 베드와 프리에지가 자연적인 스마일 선을 함께 만드는 곳으로 손톱의 가장 약한 부위에 강도를 주어야 한다.
- 손톱 전체의 아치를 일관성 있게 유지하여 시술하여야 한다.

2) 하이 포인트(High Point)

- 손톱의 측면에서 보았을 때 네일 베드 위의 가장 높은 점이다.
- 손톱이 수평적이나 수직선상으로 아치와 손톱의 중앙이 만나는 가장 높은 점이다.

- 하이 포인트의 위치를 잘 알고 시술해야 튼튼하고 아름다운 손톱을 만들 수 있다.

3) 로우 포인트(Low point)

- 인조 네일에 가장 낮은 부분으로 프리에지 끝 부분의 중앙 지점이다.

4) 스트레스 포인트(Stress point)

- 손톱의 사이드와 옐로 라인이 만나는 지점이다.
- 가장 약한 지점으로 찢어지거나 손상을 많이 받는 곳이다.
- 스트레스 포인트를 잘 알고 시술해야 튼튼하고 아름다운 손톱을 만들 수 있다.

5) 사이드 스트레이트(Side Straight)

- 스퀘어(네모) 손톱 모양을 잡을 때 옆선이 일직선이어야 정확한 손톱 모양을 만들 수가 있다.

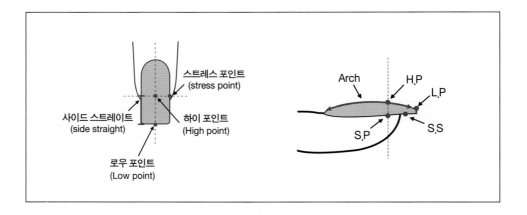

3. 손톱 표면 파일링 방법

1) 손톱 표면 정리 파일링 방법

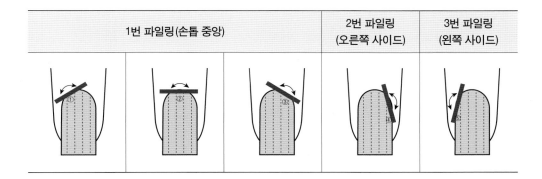

1번 파일링(손톱 중앙)			2번 파일링 (오른쪽 사이드)	3번 파일링 (왼쪽 사이드)

2) 인조 네일의 프리에지 단면과 스퀘어 쉐입 파일링 방법

프리에지 단면	스퀘어 쉐입 파일링 방법		
	길이와 쉐입 파일각도 90도	폭과 옆선 파일각도 90도	폭과 옆선 파일각도 45도

3) 표면 파일링 시 파일 잡는 방법

(1) 1번 파일링 방법(손톱 중앙)

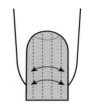

① 파일의 1/3을 잡는데 검지 · 중지 · 약지 · 소지로 파일의 아래쪽 면을 엄지는 위쪽 면을 잡는다.

② 손바닥이 보이도록 손목과 손가락에 힘을 빼고 파일의 2/3를 이용하여 손톱 중앙을 갈아준다.

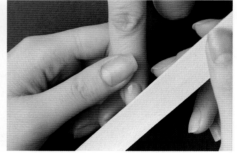

(2) 2번 파일링 방법(오른쪽 사이드)

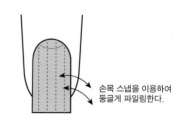

손목 스냅을 이용하여 둥글게 파일링한다.

① 파일을 아래로 툭 치면서 내려와 파일의 반대쪽 1/3을 엄지와 중지 · 약지 · 소지로 파일을 잡고 검지로 파일 표면을 받친다.

② 손등이 보이도록 손목과 손가락에 힘을 빼고 파일의 2/3를 이용하여 손톱 사이드를 갈아준다.

(3) 3번 파일링 방법(왼쪽사이드)

① 2번 파일링의 갈아주는 면만 바뀌도록 손을 돌려준 다. 2번 파일링과 같은 방법으로 파일을 잡고 검지만 파일의 모서리를 받친다.

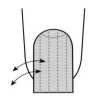

② 손바닥이 보이도록 손목과 손가락에 힘을 빼고 파일 의 2/3를 이용하여 갈아준다.

T I P 왼손잡이는 반대 방향으로 시술하면 됨
파일링 방법은 개인차가 있을 수 있다.

4. 인조 네일의 문제점과 원인

1) 들뜸(리프팅/Lifting)

큐티클 라인으로부터 들뜨거나 중간 부분에서의 들뜸으로 포켓이 생기는 현상

【원인】

① 자연 손톱의 광택 미제거 시 유분기, 수분기가 남아 있을 때

② 큐티클이나 조구 쪽에 제대로 파일을 안 했을 경우

③ 자연 손톱 자체에 유·수분기가 많을 경우

2) 깨짐(크랙/Crack)

충격으로 금이 가는 현상

【원인】

① 스트레스 포인트를 감싸지 못했을 경우

② 부주의한 관리로 인하여

③ 인조 네일을 너무 얇게 시술하였을 때

3) 곰팡이(펑거스/Fungus, 몰드/Mold)

자연 손톱과 인조 손톱 사이에 습기가 스며들어 곰팡이가 생기는 현상

【원인】

① 들뜸 현상을 방치했을 때

② 인조 네일 시술 시 자연 네일에 수분이 남아 있을 경우

③ 보수 작업 시 들뜬 부분을 완전 제거하지 않고 보수하였을 경우

④ 인조 네일을 떼어내야 하는데 계속적인 보수 작업만 하여 자연 손톱에서 수분이
자생하여 들떴을 경우

02. 네일 팁

분류 번호 : 1201010404_14v2

능력단위 명칭 : 네일 팁

능력단위 정의 : 네일 연장을 통한 고객의 네일 보호와 미적 요구 충족을 위하여 네일 위에 전 처리, 팁 접착 및 표면 정리, 오버레이, 마무리할 수 있는 능력이다.

능 력 단 위 요 소	수 행 준 거
1201010404_14v2.1 네일 전 처리하기	1.1 시술 매뉴얼에 따라 시술에 적합한 네일 길이 및 모양을 만들 수 있다. 1.2 네일 상태에 따라 표면 정리를 통하여 제품의 밀착력을 높일 수 있다. 1.3 시술 매뉴얼에 따라 네일과 네일 주변의 각질 · 거스러미를 정리할 수 있다. 1.4 시술 매뉴얼에 따라 접착력을 높이기 위하여 전 처리제를 도포할 수 있다.
	【지 식】 ◦ 시술 매뉴얼에 대한 이해 ◦ 네일의 해부학적 구조의 이해 ◦ 네일 특성 ◦ 파일의 용도별 사용법 ◦ 네일 프리에지 형태의 이해 ◦ 더스트 브러시의 바른 사용법 ◦ 전 처리제의 성분 대한 이해

1201010404_14v2.1 네일 전 처리하기	【기 술】 ◦ 네일의 해부학적 구조의 이해 능력 ◦ 파일의 용도별 사용 능력 ◦ 네일 표면 정리 능력 ◦ 네일 길이 조각 능력 ◦ 더스트 브러시의 사용 능력 ◦ 전 처리제의 사용 능력 【태 도】 ◦ 정확하고 바른 파일링 자세 ◦ 제품의 안전한 사용을 위한 노력
1201010404_14v2.2 네일 팁 접착하기	2.1 고객 네일 크기에 따라 정확한 팁 크기를 선택할 수 있다. 2.2 시술 매뉴얼에 따라 공기가 들어가지 않도록 팁을 접착할 수 있다. 2.3 고객의 손 모양에 따라 팁의 방향이 비틀어지지 않게 접착할 수 있다. 2.4 고객에 요구에 따라 팁을 적당한 길이로 자를 수 있다.
	【지 식】 ◦ 시술 매뉴얼에 대한 이해 ◦ 네일 팁 종류에 대한 이해 ◦ 네일 팁 접착 방법 및 접착제 사용법 【기 술】 ◦ 네일 팁 절단 능력 ◦ 네일 팁 접착 능력 ◦ 네일 팁 접착제 사용 능력 【태 도】 ◦ 정확하고 바른 팁 접착 자세 ◦ 제품의 안전한 사용을 위한 노력 ◦ 고객의 요구 사항을 적극적으로 반영하려는 노력
1201010404_14v2.3 네일 팁 표면 정리하기	3.1 시술 매뉴얼에 따라 네일의 손상 없이 내추럴 팁 턱을 정리할 수 있다. 3.2 시술 매뉴얼에 따라 컬러 팁 표면을 정리할 수 있다. 3.3 접착된 팁의 종류에 따라 파일링 방법을 선택할 수 있다. 3.4 네일 주변의 잔여물을 정리할 수 있다. 3.5 굴곡진 표면을 매끄럽게 채울 수 있다.

1201010404_14v2.3 네일 팁 표면 정리하기	【지 식】	◦시술 매뉴얼에 대한 이해 ◦파일의 사용 방법의 이해 ◦파일의 종류에 대한 이해 ◦네일 구조의 이해
	【기 술】	◦파일의 사용 능력 ◦잔여물 정리 능력
	【태 도】	◦정확하고 바른 파일링 자세 ◦제품의 안전한 사용을 위한 노력 ◦고객에게 불편함을 주지 않기 위한 노력
1201010404_14v2.4 오버레이하기	4.1 랩을 사용하여 오버레이를 할 수 있다. 4.2 아크릴릭 네일 제품을 사용하여 오버레이를 할 수 있다. 4.3 젤을 사용하여 오버레이를 할 수 있다. 4.4 제품의 종류에 따라 오버레이 방법을 활용할 수 있다. 4.5 경화 방법에 따라 적정한 경화 유형을 선택할 수 있다.	
	【지 식】	◦랩 종류에 대한 지식 ◦아크릴릭 네일 제품의 특성 ◦젤 제품의 특성 ◦젤 램프 기기의 사용 방법
	【기 술】	◦오버레이 능력 ◦경화 유형 선택 능력 ◦젤 제품의 특성에 대한 이해 능력 ◦젤 램프 기기의 사용 능력
	【태 도】	◦정확하고 바른 오버레이 자세 ◦제품 및 경화 기구의 안전한 사용을 위한 노력 ◦고객에게 불편함을 주지 않기 위한 노력

	5.1 시술 매뉴얼에 따라 인조 네일 표면을 인조 네일 구조에 맞추어 파일링할 수 있다.
	5.2 고객의 요구에 따라 모양과 길이에 맞게 마무리할 수 있다.
	5.3 시술 매뉴얼에 따라 인조 네일 표면을 매끄럽게 파일링할 수 있다.
	5.4 시술 매뉴얼에 따라 마무리를 위해 큐티클 오일을 바를 수 있다.
	5.5 시술 매뉴얼에 따라 광택으로 마무리할 수 있다.
	5.6 시술 매뉴얼에 따라 광택 후 컬러링으로 마무리할 수 있다.
1201010404_14v2.5 마무리하기	【지 식】 ◦ 시술 매뉴얼에 대한 이해 ◦ 네일의 구조 ◦ 파일링 방법 ◦ 파일 종류에 대한 지식 ◦ 인조 네일의 구조 ◦ 버퍼 사용 방법 ◦ 인조 네일 마무리 방법 【기 술】 ◦ 네일의 구조 능력 ◦ 파일링 능력 ◦ 광택 능력 ◦ 큐티클오일 살포 능력 ◦ 컬러링 능력 ◦ 버퍼 사용 능력 ◦ 인조 네일 마무리 능력 【태 도】 ◦ 정확하고 청결한 마무리 자세 ◦ 작업 완료 후 깨끗하고 청결하게 정리하는 자세 ◦ 고객에게 불편함을 주지 않기 위한 노력

적용 시 고려 사항

- 각종 화학제품을 사용해야 하므로 환기에 신경을 쓰도록 한다.
- 기기 및 용품은 위생적으로 관리하여 병의 전염 가능성을 감소시키고 고객으로 하여금 위생적이고 청결한 환경에서 서비스받도록 한다.
- 네일 숍 내에서 사용하는 전기 제품의 사용법과 특성, 안전수칙을 올바르게 알고 있어야 한다.
- 응급처치 용품 세트를 구비하고 있어야 한다.
- 팁 위드 랩은 인조 네일을 붙인 후 좀 더 보강하는 의미로 페브릭 랩을 붙여 견고하게 만들어 주는 시술 방법을 말한다.
- 팁 위드 젤은 인조 네일을 붙인 후 그 위에 클리어 젤로 덧입혀 주는 시술 방법을 말한다.
- 팁 위드 아크릴릭은 인조 네일을 붙인 후 그 위에 아크릴릭 모노머(단량체)와 폴리머(고분자)를 혼합하여 덧 입혀 주는 시술 방법을 말한다.
- 페브릭 랩은 실크나 화이버 글래스 등 얇은 섬유로 가공된 천으로 된 소재를 말한다.
- 전 처리제 제품은 프리 프라이머, 프라이머, 본더로 구분되고, 인조 네일 시술 시 자연 네일에 도포하여 유·수분을 조절해 줌으로써 밀착력을 높여주는 제품을 말한다.
- 인조 네일의 구조는 하이포인트, 로우 포인트, 아펙스, 컨케이브, 컨벡스, C-커브, 사이드 스트레이트, 페케이드 스트레이트, 프리에지의 형태, 프리에지의 길이를 말한다.
- 팁은 내추럴(레귤러), 화이트, 디자인과 컬러 팁으로 구분된다.

1. 네일 팁 접착

1) 팁의 종류

(1) 풀 팁(full tip) or 풀 커버 팁(full cover tip)

• 손톱 전체에 붙이는 팁으로 팁 안쪽에 웰 부분이 없다.

(2) 하프 팁(half tip)

• 반 팁이라고도 하며 손톱의 끝 부분에 붙여주는 팁
• 풀 웰 팁(full well tip) : 스퀘어 팁, 웰 부분이 넓다.
• 하프 웰 팁(half well tip) : 레귤러 팁, 웰 부분이 좁다.

(3) 디자인 팁(Design Tip)

화이트 팁(프렌치 팁), 컬러 팁(Color Tip), 에어브러시나 핸드페인팅이 되어 있는
풀 팁과 반 팁도 있다.

(4) 팁의 재질 : 플라스틱, 나일론, 아세테이트

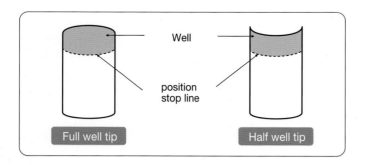

TIP 웰(Well)은 접착 정지선(position stop line)까지 접착제를 발라 자연 네일에 붙여주는
부분으로, 연장되는 인조 네일 부분보다 얇다.

2) 팁 고르는 방법

- 자연 손톱과 넓이가 맞는 팁을 선택한다.
- 웰의 크기가 너무 클 경우는 갈거나 잘라서 사용한다.
- 손톱의 양쪽 끝은 모두 커버해야 한다.
- 손톱의 모양과 어울리는 팁 모양을 고른다.
- 자연 손톱의 1/2 이상을 덮어서는 안 된다.
- 웰(well) 부분이 얇고 투명한 팁이 좋은 팁이다.
- 손톱 끝이 위로 솟은 손톱(ski jump nail)에는 커브 팁을 선택한다.
- 크고 넙적한 손톱에는 끝이 좁아지는 내로우(narrow) 팁을 고른다.
- 양쪽 사이드가 움푹 들어갔거나 각진 손톱에는 풀 웰(full well) 팁보다 하프 웰(half well)을 선택해 양쪽 사이드를 잘 눌러 붙여준다.

3) 팁을 잘못 선택해서 붙였을 경우

(1) 작은 팁을 붙였을 때

- 자연 네일에 통증이 올 수 있다.
- 손톱이 오그라들어 변형이 올 수 있다.
- 자연 손톱과 밀착 부분이 작아 빨리 부러질 수 있다.

(2) 큰 팁을 붙였을 때

- 피부와 붙어 파일링이 어려울 수 있다.
- 접착제로 인해 피부에 화상을 입을 수 있다.
- 손톱의 모양이 자연스럽지 않다.

4) 팁 붙이는 방법

- 팁의 방향:손가락 끝 마디 선과 평행이 되도록 하거나 손가락과 손톱의 방향이 휘어졌을 경우 전체 손가락 방향에 맞추도록 한다.
- 접착제는 팁에 바르는 방법이 있고, 자연 네일에 바르고 붙이는 방법이 있다.
- 팁을 붙일 때는 45도 각도로 손톱에 대고 자연 네일과 인조 손톱 사이에 공기가 들어가지 않도록 밀착시켜 붙인다.
- 손톱이 피부에 파묻히거나 짧은 경우 피부에 유성 크림류를 발라 시술하면 피부에 붙지 않는다.

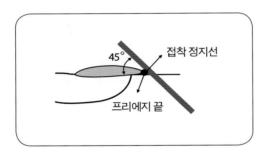

2. 네일 팁 표면 정리

- 150~180 그릿 파일로 자연 손톱과 팁의 경계를 매끄럽게 갈아 준다.
- 파일을 자연 네일 쪽으로 세워서 파일링할 경우 자연 네일이 갈리므로 주의해야 한다.

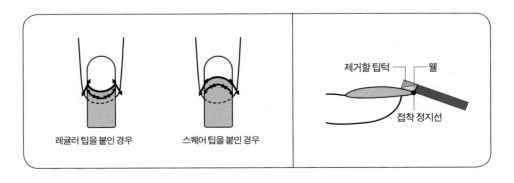

3. 랩 오버레이(팁 위드 실크)

인조 네일 만 시술할 경우 1~2주 정도만 유지되는 임시적인 시술 방법이라고 할 수 있다. 그러나 인조 네일 시술 후 그 위에 천을 덮어씌우는 랩 오버레이를 하면 자체 강도가 높아져 1~2개월만 유지할 수 있는 상태가 되며 단, 2~3주마다 보수를 해주어야 한다.

1) 네일 랩의 종류 이해

(1) 실크 : 가느다란 명주실로 강하고 투명도가 높다.

(2) 린넨 : 굵은 실로 짜여져 두껍고 투박하나 강하고 오래간다.

(3) 화이버글래스 : 인조섬유로 가장 튼튼하고 오래간다.

(4) 페이퍼랩 : 얇은 종이로 리무버에도 녹아 임시용으로 사용한다.

2) 필러 파우더 뿌리는 방법

웰 부분을 기준으로 웰 부분과 바디를 1 : 2로 글루를 바르고 그 부분에 필러 파우더를 뿌려줄 때 가장 꺼진 부분을 완만하게 채울 수 있다.

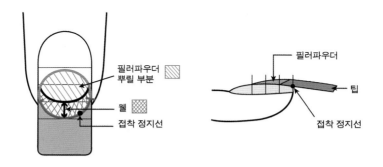

【레귤러 팁 필러 파우더 적용】

3) 시술에 필요한 재료

팁(Tip), 실크, 실크 가위, 글루, 젤글루, 필러 파우더, 글루 드라이, 팁 커터, 클리퍼, 파일, 샌딩블럭, 라운드패드, 3-way 또는 2-way, 오렌지 우드 스틱, 큐티클 오일, 푸셔

3) 시술 과정

① 손 소독

시술자와 고객의 손을 스킨 소독제로 소독한다.

② 큐티클 밀기

큐티클이 건조한 상태이므로 조심스럽게 푸셔한다. 너무 세게 하면 손톱 표면이 긁혀 손상을 입을 수도 있으므로 주의한다.

③ 손톱 모양(Shape) 잡기 및 광택 제거

손톱 모양은 둥근형(Round Shape)으로 하고 프리에지의 길이는 0.5~1mm 정도가 적당하다. 파일로 표면의 광택을 제거한다.

- 광택 제거를 '에칭(etching)한다.'라고도 하며 에칭을 잘 주어야 인조 네일이 오래 유지된다.
- 프리에지 모양을 둥근형으로 하는 이유는 접착 정지선의 라인이 둥근형이기 때문이다.

④ 팁 붙이기

자연 손톱의 모양과 사이즈에 맞는 팁을 선택하고 팁의 웰 부분에 적당량의 글루나 젤 글루를 발라 45도 각도로 붙인다. 공기 방울이 생기지 않도록 5~10초 정도 눌러 주면서 잡고 있는다.

TIP 팁 커터 사용 시 팁 커터 날이 시술자 쪽으로 향하게 하고 시술자 쪽으로 약간 기울여 서 자른다.

⑤ 팁 길이 자르기

클리퍼나 팁 커터로 고객이 원하는 길이만큼 잘라준다.

⑥ 팁 턱 제거

파일을 이용하여 자연 손톱과 팁의 경계를 매끄럽게 갈아준다. (이때 자연 손톱의 보디 부분이 갈리지 않도록 각별히 주의해야 한다.)

⑦ 글루 바르기

자연 네일과 팁의 연결 부분을 튼튼하게 하기 위해 필러 파우더를 뿌리기 전에 글루를 바른다. 이때 피부에 묻지 않게 발라준다.

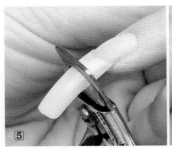  

⑧ 필러 파우더 뿌리기

　　자연 네일과 팁의 연결 부분을 튼튼하게 하기 위해 필러 파우더를 뿌려 꺼진 부분을 매꾸어 하이포인트를 만들어 준다.

⑨ 글루 흡수시키기

- 필러 파우더를 뿌린 하이포인트 부분에 글루를 살짝 흡수시켜준다.
- 글루를 빨리 말려주기 위하여 글루 드라이를 사용할 수 있다.
- 손톱에 통증을 유발할 수 있으므로 10~20cm 띄워서 뿌려준다.

⑩ 표면 파일링

- 파일을 이용하여 표면을 매끄럽게 갈아주고 손톱 모양을 잡는다.
- 표면을 조금 더 자연스럽게 하기 위하여 샌딩블럭을 이용하여 버핑을 해준다.
- 하이포인트가 있는 경우 7~10번은 생략 가능

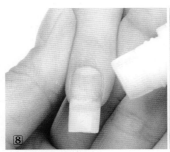  

⑪ 실크 오리기

손톱 모양에 맞게 실크를 오린다. 큐
티클 부분의 한쪽 모서리만 둥글게
자르고 손톱에 붙인 후 반대쪽을 잘
라주는 방법이 있다.

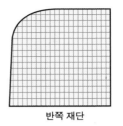 

반쪽 재단   손톱모양 재단

⑫ 실크 붙이기

실크를 큐티클로부터 1~1.5mm 떼우고 손톱 전체에
붙인다. 비접착성 실크는 글루를 바르고 글루가 마
르기 전에 붙인다.

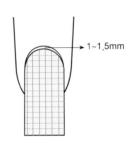

1~1.5mm

⑬ 글루 바르기

피부에 묻지 않게 실크 전체에 글루를 바른다.

⑭ 실크 랩 턱선 제거

부드러운 파일을 이용하여 실크 랩 턱선을 매끄럽게 갈아준다.

⑮ 손톱 모양 잡기

파일을 이용하여 손톱 모양을 잡고 여분의 실크를 없애준다.

⑯ 글루 바르기

글루를 손톱 전체에 발라준다. 네일 전체에 1~2회 또는 글루 1회 + 젤 글루 1회를 바르면 견고성과 투명도가 높아진다. (글루나 젤 글루를 빨리 말려주기 위하여 글루 드라이를 사용할 수 있다.)

⑰ 표면 샌딩하기

샌딩블럭으로 표면을 매끄럽게 버핑한다.

⑱ 3way 또는 2way를 이용해 광택내기

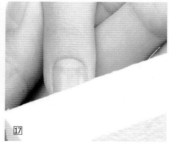

⑲ 큐티클 오일을 바르고 푸셔로 마무리한다.

4. 아크릴릭 오버레이(팁 위드 아크릴릭)

아크릴릭 리퀴드와 파우더를 혼합(혼합 시 일어나는 과정:상온화학중합)하여 만드는 방법으로 매우 단단한 인조 네일이며 스컬프처라고 한다. 자연 네일, 인조 네일의 보강, 연장, 변형 등에 활용된다. 내수성과 지속성이 좋고 시술이 편리하고 투명하다는 장점이 있다. 하지만 냄새가 많이 나고, 리프팅이 잘 되며 두껍고 무게감이 느껴지고, 화학적인 성분이 강해서 손톱이 많이 약해질 수 있는 단점이 있다.

1) 아크릴릭의 화학적 성분

(1) 모노머(단량체/Monomer)

보통 아크릴릭 리퀴드를 말하며, 서로 연결되지 않은 아주 작은 구슬 형태의 구형 물질이며 액체 아크릴 제품의 하나이다.

(2) 폴리머(중합체/Polymer)

제작 완료된 아크릴릭 네일을 말하며 구슬들이 길게 체인 모양으로 연결된 형태로 구성되어 있다.

(3) 카탈리스트(촉매제/Catalyst)

아크릴릭을 빨리 굳게 하는 작용을 하며 카탈리스트의 양 조절로 빨리 굳게 할 수도 있고 늦게 굳게 할 수도 있다.

2) 아크릴릭의 기본 재료

(1) 아크릴릭 리퀴드(Acrylic Liquid)

액체 상태로 아크릴릭 분말을 반죽하는 데 사용되는 제품이다.

T I P 리퀴드의 주성분

- E.M.A(Ethyl Meth Acrylate) : 화장품과 의약품 등에 사용, 경화 속도가 늦고 고가의 원료임
- M.M.A(Methyl Meth Acrylate) : 미국 FDA의 규제 물질로 저가의 원료 경화 속도가 빠르고 강도가 강함

(2) 아크릴릭 파우더(Acrylic Powder)

분말 상태로 색상에 따라 핑크(Pink), 화이트(White), 투명(Clear) 그리고 내추럴(Natural) 등 여러 가지가 있다.

(3) 프라이머(Primer)

자연 네일의 유·수분을 제거하고 pH를 조절, 방부제 역할을 한다. 주성분은 메타 아크릴릭 에시드(Meta acrylic acid)로 단백질을 녹이는 작용을 해 아크릴릭 네일의 리프팅을 막는 중요한 역할을 하지만, 산성 제품이므로 피부나 눈에 묻는 경우 손상이나 화상을 입을 수 있으므로 주의하도록 한다.

주성분은 이소프로필 알코올, 에틸 아세테이트, 이소부틸아세테이트로 프라이머 전 단계에 사용한다.

※ 산성이므로 피부에 묻으면 화상을 입을 수 있다.

(4) 유리 용기(Dappen Dish)

아크릴릭 리퀴드와 파우더를 덜어 쓰는 유리 용기

(5) 아크릴릭 브러시(Arcylic Brush)

아크릴릭 리퀴드를 흡수시켜 파우더와 혼합하여 네일 위에 얹을 때 사용하는 붓이다.

① 브러시 앞 부분(Tip) : 스마일 라인이나 미세 작업 시 사용 (큐티클 라인, 스마일 라인, 꽃 디자인 등)

② 브러시 중간 부분(Belly) : 표면을 쓸어내릴 때 사용 (중간 정도 힘, 전체적인 균

형, 부드러운 연결)

③ 브러시 끝 부분(Back) : 길이 조절이나 볼을 펴줄 때 사용 (강한힘, 믹스처를 골고루 펴주거나 길이를 늘릴 때)

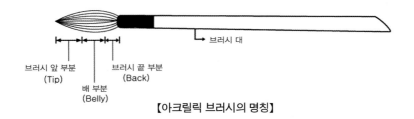

【아크릴릭 브러시의 명칭】

(6) 네일 폼(Form)

스컬프처 네일 시술 시 손톱 밑에 끼워 손톱의 모양을 잡아주는 틀이다.

① 붙여서 고정하는 일회용 스티커 폼 (종이)

② 구부려 고정하는 반영구적인 알루미늄, 플라스틱 등의 폼

(7) 보호안경, 플라스틱 장갑, 마스크

아크릴릭 네일은 화학용품을 사용하므로 반드시 착용해야 한다.

(8) 브러시 크리너(Brush Cleaner)

아크릴릭 브러시를 세척할 때 사용한다.

3) 아크릴릭 볼(비드) 만들기

(1) 아크릴릭 볼 만들기

브러시를 아크릴릭 리퀴드에 적당히 적셔 아크릴릭 파우더에 살짝 찍었다가 빼면 동그란 아크릴릭 볼을 만들 수가 있다.

(2) 아크릴릭 볼 올리는 순서

아크릴릭 볼 올리는 순서는 프리에지 → 네일의 중간 지점(하이포인트) → 큐티클 부분 순으로 볼을 올려준다.

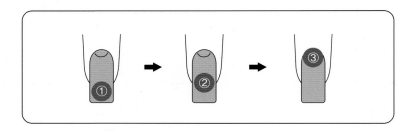

(3) 아크릴릭 볼 믹스처 시 리퀴드 양 조절 방법

① 양이 적을 때 : 너무 빨리 건조되어 프리에지 만들기가 힘들고, 볼을 얹었을 때 흰점이 생길 수가 있다.

② 양이 많을 경우 : 양 사이드로 흘러내리며 건조 시간이 오래 걸리고 견고성이 떨어진다.

(4) 아크릴릭 시술 시 좋은 온도

아크릴릭 시술 시 좋은 온도는 21~23℃가 적당하다. 온도가 낮으면 건조 시간이 오래 걸리고 높으면 건조가 빨리 된다.

(5) 아크릴릭 네일 시술 후 재료의 올바른 보관 방법

① 브러시의 관리 요령
- 사용한 브러시는 크리너를 사용하여 세척하는데 브러시에 아크릴릭 잔여물이 많이 남아 있을 경우 오렌지 우드 스틱을 사용하여 제거한다.
- 브러시의 털을 뽑거나 자르지 말아야 오래 사용한다.
- 사용 후 브러시가 눌리지 않도록 끝을 아래로 향하게 하거나 브러시 케이스에 넣어 보관한다.

② 디펜디시에 덜어서 사용한 리퀴드는 오염되어 있으므로 절대 병에 다시 담아서
　는 안 된다.

③ 오랫동안 방치해둔 리퀴드와 파우더는 누렇게 변하는 현상을 초래하기도 한다.

③ 리퀴드와 프라이머를 닦아낸 페이퍼 타월은 꼭 밀봉해서 버린다.

4) 시술에 필요한 재료

네일 팁, 아크릴릭 파우더(클리어 또는 핑크), 리퀴드, 프라이머, 브러시, 브러시
크리너, 디펜디시(리퀴드 용기), 글루나 젤글루, 파일, 샌딩블럭, 라운드 패드, 큐티클
오일, 푸셔, 3way 또는 2way

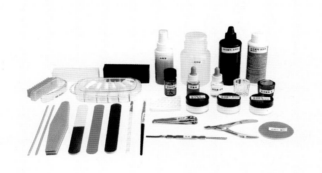

5) 시술 과정

① 손 소독

시술자와 고객의 손을 스킨 소독제로 소독한다.

② 큐티클 밀기

큐티클이 건조한 상태이므로 조심스럽게 푸셔한다. 너무 세게 하면 손톱 표면이
긁혀 손상을 입을 수도 있으므로 주의한다.

③ 손톱 모양(Shape) 잡기 및 광택 제거

손톱 모양은 둥근형(Round Shape)으로 하고 프리에지의 길이는 0.5~1mm 정도가 적당하다. 파일로 표면의 광택을 제거한다.

- 광택 제거를 에칭(etching)한다라고도 하며 에칭을 잘 주어야 인조 네일이 오래 유지된다.
- 프리에지 모양을 둥근형으로 하는 이유는 접착 정지선의 라인이 둥근형이기 때문이다.

④ 네일 팁 붙이기

자연 손톱의 모양과 사이즈에 맞는 팁의 선택하고 팁의 웰 부분에 적당량의 글루나 젤 글루를 발라 45도 각도로 붙인다. 공기 방울이 생기지 않도록 5~10초 정도 눌러 주면서 잡고 있는다.

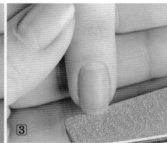

⑤ 팁 길이 자르기

클리퍼나 팁 커터로 고객이 원하는 길이만큼 자르고 파일로 모양을 다듬는다.

⑥ 팁 턱 제거

파일을 이용하여 자연 손톱과 팁의 경계를 매끄럽게 갈아준다.
(이때 자연 손톱의 보디 부분이 갈리지 않도록 각별히 주의한다.)
조금 더 자연스럽게 팁 턱선을 샌딩블럭으로 버핑을 해준다.

7 프라이머 바르기(실기시험 시 생략 가능)

피부에 닿지 않게 자연 손톱에만 프라이머를 바른다.

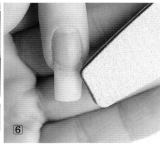
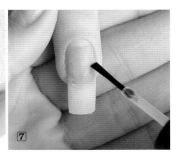

8 아크릴릭 볼 올리기

브러시를 리퀴드에 적당히 적셔 파우더에 살짝 찍어 볼을 만들어 프리에지부터 볼을 올리고 두 번째는 네일의 양 가장자리는 얇게 하며 네일의 중간 지점(하이포인트)에 볼을 올린 후, 세 번째 아크릴릭 볼을 큐티클 주위에 얇게 펴 바른 후 전체를 매끄럽게 쓸어내려 준다.

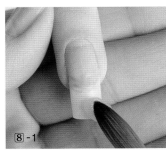
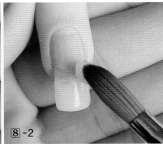

> **TIP** 아크릴릭 볼을 스트레스 포인트 윗부분에 가장 두껍게 올리고 큐티클 라인 부분을 가장 얇게 올린다.

⑨ 표면 파일링 및 손톱 모양 잡기

브러시 대로 두드려 보아 건조된 것을 확인하고 거친 파일(100~150그릿), 중간 파일(180그릿), 부드러운 파일(240그릿)을 차례대로 사용하여 정면과 측면, 프리에지 부분의 두께를 일정하게 맞추고 능선 C 커브가 나오도록 파일하여 네일 표면을 매끄럽게 해주고, 손톱 모양을 잡는다.

⑩ 표면 샌딩하기

샌딩블럭으로 표면을 매끄럽게 샌딩(버핑)한다.

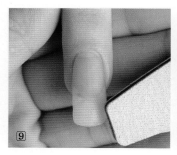

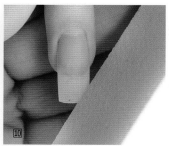

⑪ 3way 또는 2way를 이용해 광택내기

⑫ 큐티클 오일을 바르고 푸셔로 마무리한다.

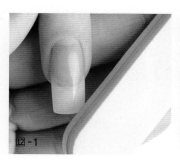

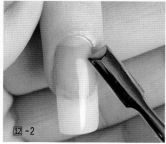

5. 젤 오버레이(팁 위드 젤)

인조 네일을 보강해주고 강도를 높여주기 위해 클리어 젤을 오버레이 하여 시술하는 방법이다. 젤은 다양한 오버레이 방법 중의 하나로 투명하고 가볍게 표현이 되는 것이 장점이다.

1) 젤의 종류

(1) 라이트 큐어드 젤(Light cured gel)

UV(자외선) 혹은 LED, CCFL(겸용)에서 나오는 빛을 비추어 젤을 굳게 한다.
① 하드 젤 : 용액에 제거되지 않아 파일이나 드릴 머신을 이용하여 제거하는 라이트 큐어드 젤
② 소프트 젤(쏙 오프 젤) : 용액에 제거되는 라이트 큐어드 젤

(2) 노 라이트 큐어드 젤(No Light cured gel)

시아노아크릴레이트의 성분으로 된 농도가 짙은 글루로 빛 대신 젤 응고제(액티베이터 또는 글루드라이)를 사용하여 젤을 굳게 한다.

2) 라이트 큐어드 젤 네일이란

젤 네일은 냄새가 없고 견고하며 저자극성과 지속성 및 투명도가 높다. 광택이 좋고 시술이 간편해서 대중에게 많이 시술되고 있다. 라이트 큐어드 젤 네일은 응고 시에 카탈리스트인 응고제가 필요 없으며 젤을 굳게 하는 방법으로는 특수한 빛에 노출시켜야만 바로 경화가 가능하며 자연 경화는 되지 않는다.

> **TIP** **광중합** - 빛을 젤에 비춰 주어야 화학 반응이 일어남
> **램프 교체 시기** ① 젤 네일의 광택이 떨어질 경우
> ② 경화 속도가 떨어질 경우
> ③ 벌브(전구램프)가 깜빡거릴 경우

3) 라이트 큐어드 젤(UV 젤)의 기본 재료

(1) 라이트 큐어드 젤(UV 젤)

하드 젤과 소프트(쏙 오프) 젤로 나뉘며, 빌더 젤, 클리어 젤, 폴리시 젤, 베이스 젤, 톱 젤, 컬러 젤 등의 종류가 있다.

(2) 큐어링 라이트 기(UV 램프기기)

젤을 굳게 만드는 자외선 또는 할로겐 전구가 들어 있는 전기용품을 말한다. UV, LED, CCFL(겸용) 등의 종류가 있으며 자외선 A(JV 320~400nm) 파장과 가시광선 (LED 400~700nm) 파장을 사용해 젤의 광중합을 돕는 램프기기

(3) 젤 브러시

젤을 오버레이할 때 사용하며 탄력이 좋은 브러시(ex. 나일론 · 콜린스키 브러시)

(4) 젤 본더(실기시험 시 생략 가능)

자연 네일의 유분과 수분을 제거해 젤이 자연 네일에 잘 밀착되도록 도와주는 제품이며 제조회사에 따라 생략하는 곳도 있다.

(5) 젤 크리너

젤의 큐어링 후 표면에 남아 있는 미경화 젤을 닦아내는 역할을 한다.

(6) 네일 폼

스컬프처 네일 시술 시 손톱 밑에 끼워 손톱의 모양을 잡아주는 틀이다.
① 붙여서 고정하는 일회용 스티커 폼 (종이)
② 구부려 고정하는 반영구적인 알루미늄, 플라스틱 등의 폼

(7) 젤 페이퍼

젤 크리너를 묻혀서 사용하는 페이퍼

4) 라이트 큐어드 젤(UV 젤) 시술 후 뜨는 경우

(1) 큐티클 부위와 손톱 표면 정리 여부
(2) 크리너 등의 과다 사용된 경우
(3) 본더를 잘 펴 바르지 않았을 경우
(4) 정확한 시술(두께, 파일링 등)이 이루어지지 않은 경우

5) 라이트 큐어드 젤(UV 젤) 네일 시술 시 주의사항

(1) 젤을 올릴 때에는 브러시를 가볍게 다루어야 하며 아크릴릭을 시술하듯 빠른 브러시 터치는 젤의 굴곡과 기포를 생기게 한다.
(2) 젤의 양 조절이 안 될 경우, 즉 너무 적게 또는 많게 했을 경우도 버블이 생기게 된다.
(3) 젤과 브러시는 UV 라이트 또는 햇빛에 닿지 않게 보관해야 한다.
(4) 햇빛에 노출되면 젤과 브러시가 굳는 경우가 발생할 수 있으며, 영구적으로 쓸 수 없게 된다. (영구적 미사용은 제품마다 다름)
(5) 주로 엄지(thumb)손톱의 경우 빨리 큐어링이 안 되는 경우가 많아 엄지손톱만큐어링을 하고, 두 번에 걸쳐 다시 큐어링 해야 효과적이다.

6) 큐어링하는 중 열을 줄일 수 있는 방법

손톱에 느끼는 열은 손톱 표면에는 해를 전혀 끼치지 않으나 고객들이 불편하게 느낄 수 있다. 특히, 아크릴릭 네일을 오래한 고객일수록 오랫동안 프라이머를 사용하였기 때문에 고객의 체온이나 실내 온도에 따라 더 뜨거울 수가 있다.
(1) 젤을 여러 번에 걸쳐 얇게 펴 바르면서 큐어링 해주는 방법
(2) 젤을 라이트 바깥쪽에서 천천히 큐어링 하는 방법
(3) 젤을 5초 간격으로 IN & OUT 하며 큐어링 하는 방법

7) 젤 볼 올리는 방법

(1) 클리어 젤을 보디 중앙에 올린다.

(2) 브러시가 손톱 표면에 닿지 않도록 가볍게 젤을 큐티클 라인의 1~1.5mm 까지 끌
어올린다.

(3) 사이드 부분에 젤을 채워주면서 손톱의 길이와 폭을 만든다.

(4) 남은 젤을 가지고 반대쪽 사이드와 손톱의 길이 · 폭을 만든다.

　• 폭을 만고 가운데가 부족하면 젤을 보충해 준다.

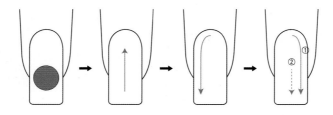

8) 시술에 필요한 재료

네일 팁, 라이트 큐어드 젤(클리어), 큐어링 라이트 기(UV 램프기기), 젤 브러시, 젤본
더(프라이머), 젤 크리너, 브러시 크리너, 톱 젤, 젤 페이퍼, 파일, 샌딩블럭, 라운드 패드,
푸셔

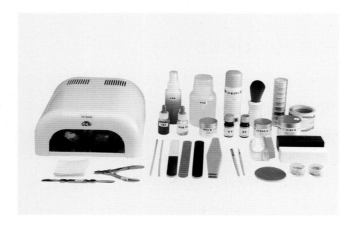

9) 시술 과정

① 손 소독

시술자와 고객의 손을 스킨 소독제로 소독한다.

② 큐티클 밀기

큐티클이 건조한 상태이므로 조심스럽게 푸셔한다. 너무 세게 하면 손톱 표면이 긁혀 손상을 입을 수도 있으므로 주의한다.

③ 손톱 모양(Shape) 잡기 및 광택 제거

손톱 모양은 둥근형(Round Shape)으로 하고 프리에지의 길이는 0.5~1mm 정도가 적당하다. 파일로 표면의 광택을 제거한다.

• 광택 제거를 에칭(etching)한다고도 하며 에칭을 잘 주어야 인조 네일이 오래 유지된다.

• 프리에지 모양을 둥근형으로 하는 이유는 접착 정지선의 라인이 둥근형이기 때문이다.

④ 네일 팁 붙이기

자연 손톱의 모양과 사이즈에 맞는 팁을 선택하고 팁에 적당량의 글루나 젤 글루를 발라 45도 각도로 붙인다. 공기 방울이 생기지 않도록 5~10초 정도 눌러주면서 잡고 있는다.

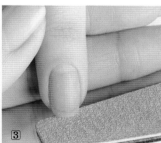
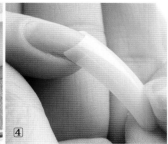

⑤ 팁 길이 자르기

클리퍼나 팁 커터로 고객이 원하는 길이만큼 자르고 파일로 모양을 다듬는다.

⑥ 팁 턱 제거

180그릿 파일로 자연 손톱과 팁의 경계를 매끄럽게 갈아준다
(이때 자연 손톱의 보디 부분이 갈리지 않도록 각별히 주의해야 한다.)
조금 더 자연스럽게 팁 턱선을 샌딩블럭으로 버핑을 해준다.

⑦ 젤 본더 바르기

피부에 닿지 않게 자연 손톱에만 소량 발라준다. (큐어링은 제품에 따라서 선택 가능)

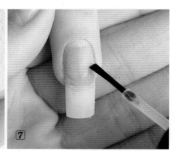

⑧ 젤 올리기

브러시가 손톱 표면에 닿지 않도록 가볍게 클리어 젤을 보디 중앙에 올리고 큐티클라인의 1~1.5mm까지 끌어올리고 브러시를 움직여 사이드 부분에 젤을 채워주면서 프리에지 쪽으로도 젤을 올려준다. 남은 젤을 가지고 반대쪽 사이드와 프리에지를 올려준다. 꺼진 부분이 있으면 젤을 다시 떠서 채워준다.

⑨ 큐어링

1~2분 큐어링한다. (큐어링 시간은 제품사마다 다름)

손톱 표면 상태와 하이포인트에 따라 ⑧, ⑨를 반복할 수 있다.

⑩ 표면 닦기

젤 크리너를 이용해 미경화된 젤을 깨끗하게 닦아준다. (제품사마다 다름)

⑪ 표면 파일링 및 손톱 모양 잡기

150그릿의 파일로 정면과 측면, 프리에지 부분의 두께를 일정하게 맞추고 능선 C 커브가 나오도록 파일하여 네일 표면을 매끄럽게 해주고 손톱 모양을 잡는다.

⑫ 표면 샌딩하기

샌딩블럭으로 표면을 매끄럽게 샌딩(버핑)한다.

⑬ 톱 젤 바르기

젤 크리너로 닦을 때 쓸려 나올 수 있으므로 폴리시 두께 정도로 바른다.

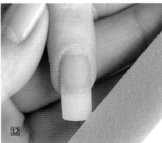

14 큐어링

1~2분 큐어링한다. (큐어링 시간은 제품사마다 다름)

15 표면 닦기(제품사마다 다름)

젤 크리너를 이용해 미경화된 젤을 깨끗하게 닦아준다.

16 큐티클 오일을 바르고 푸셔로 마무리한다.

03. 네일 랩

분류 번호 : 1201010405_14v2
능력단위 명칭 : 네일 랩
능력단위 정의 : 고객의 네일 보호와 미적 요구 충족을 위하여 네일 위에 전 처리, 랩핑하기, 연장하기, 마무리할 수 있는 능력이다.

능력단위요소	수 행 준 거
1201010405_14v2.1 네일 전 처리하기	1.1 시술 매뉴얼에 따라 시술에 적합한 네일 길이 및 모양을 만들 수 있다. 1.2 네일 상태에 따라 표면 정리를 통하여 제품의 밀착력을 높일 수 있다. 1.3 네일 랩의 접착력을 높이기 위해 전 처리제를 도포할 수 있다.
	【지 식】 ◦ 시술 매뉴얼에 대한 이해 ◦ 네일 구조의 이해 ◦ 네일 특성 ◦ 파일의 용도별 사용법 ◦ 네일 프리에지 형태의 이해 ◦ 더스트 브러시의 바른 사용법 ◦ 전 처리제의 성분 대한 이해 【기 술】 ◦ 파일의 용도별 사용 능력 ◦ 네일 표면 정리 능력 ◦ 네일 길이 조각 능력 ◦ 더스트 브러시의 사용 능력 ◦ 전 처리제의 사용 능력

1201010405_14v2.1 네일 전 처리하기	【태 도】 ◦정확하고 바른 파일링 자세 ◦제품의 안전한 사용을 위한 노력
1201010405_14v2.2 네일 랩핑하기	2.1 고객 네일 크기에 따라 정확하게 랩을 재단할 수 있다. 2.2 시술 매뉴얼에 따라 공기가 들어가지 않도록 랩을 접착할 수 있다. 2.3 네일 상태에 따라 보강제를 선택하여 도포할 수 있다. 2.4 시술 매뉴얼에 따라 표면 정리를 할 수 있다.
	【지 식】 ◦시술 매뉴얼에 대한 이해 ◦네일 랩 종류에 대한 이해 ◦네일 랩 접착 방법 ◦네일 랩 접착제의 특성 【기 술】 ◦네일 랩 접착 능력 ◦네일 랩 접착제 사용 능력 【태 도】 ◦정확하고 바른 랩 접착 자세 ◦제품의 안전한 사용을 위한 노력 ◦고객의 요구 사항을 적극적으로 반영하려는 노력
1201010405_14v2.3 네일 연장하기	3.1 고객 네일 크기에 따라 정확하게 랩을 재단할 수 있다. 3.2 시술 매뉴얼에 따라 공기가 들어가지 않도록 랩을 접착할 수 있다. 3.3 네일 상태에 따라 보강제를 선택하여 도포할 수 있다. 3.4 고객의 요구에 따라 네일의 길이를 연장할 수 있다. 3.5 고객의 요구에 따라 프리에지의 모양을 만들 수 있다. 3.6 시술 매뉴얼에 따라 표면 정리를 할 수 있다.
	【지 식】 ◦랩 종류에 대한 지식 ◦랩 제품의 특성에 대한 지식 ◦랩 접착제의 특성 ◦랩 보강제 사용 방법 【기 술】 ◦랩 재단 능력 ◦랩 접착 능력 ◦랩 보강제 사용 능력 ◦네일 길이 연장 능력

1201010405_14v2.3 네일 연장하기	【태 도】	◦ 제품 및 경화 기구의 안전한 사용을 위한 노력
		◦ 고객에게 불편함을 주지 않기 위한 노력
1201010405_14v2.4 마무리하기		4.1 시술 매뉴얼에 따라 인조 네일 표면을 인조 네일 구조에 맞추어 파일링할 수 있다. 4.2 고객의 요구에 따라 프리에지의 모양과 길이를 맞게 마무리할 수 있다. 4.3 시술 매뉴얼에 따라 인조 네일 표면을 매끄럽게 파일링할 수 있다. 4.4 시술 매뉴얼에 따라 마무리를 위해 큐티클 오일을 바를 수 있다. 4.5 시술 매뉴얼에 따라 광택으로 마무리할 수 있다. 4.6 시술 매뉴얼에 따라 광택 후 컬러링으로 마무리할 수 있다.
	【지 식】	◦ 시술 매뉴얼에 대한 이해 ◦ 네일의 구조 ◦ 파일링 방법 ◦ 파일 종류에 대한 지식 ◦ 인조 네일의 구조 ◦ 버퍼 사용 방법 ◦ 인조 네일 마무리 방법
	【기 술】	◦ 네일의 구조 능력 ◦ 파일링 능력 ◦ 광택 능력 ◦ 큐티클 오일 살포 능력 ◦ 컬러링 능력 ◦ 버퍼 사용 능력 ◦ 인조 네일 마무리 능력
	【태 도】	◦ 정확하고 청결한 마무리 자세 ◦ 작업 완료 후 깨끗하고 청결하게 정리하는 자세 ◦ 고객에게 불편함을 주지 않기 위한 노력

적용 시 고려 사항
• 각종 화학제품을 사용해야 하므로 환기에 신경을 쓰도록 한다. • 기기 및 용품은 위생적으로 관리하여 병의 전염 가능성을 감소시키고 고객들로 하여금 위생적이고 청결한 환경에서 서비스 받도록 한다. • 네일숍 내에서 사용하는 전기제품의 사용법과 특성, 안전수칙을 올바르게 알고 있어야 한다. • 응급처치 용품 세트를 구비하고 있어야 한다. • 페브릭 랩은 실크나 화이버 글래스 등 얇은 섬유로 가공 되어진 천으로 된 소재를 말한다. • 전 처리제 제품은 프리 프라이머, 프라이머, 본더로 구분되며, 인조 네일 시술 시 자연 네일에 도포하여 유 · 수분을 조절해 줌으로써 밀착력을 높여주는 제품을 말한다. • 인조 네일의 구조는 하이포인트, 로우 포인트, 아펙스, 컨케이브, 컨벡스, C-커브, 사이드 스트레이트, 페케이드 스트레이트, 프리에지의 형태, 프리에지의 길이를 말한다.

1. 랩핑

손톱이 찢어지거나 상해가 있는 상태이거나 손톱이 약해서 강도를 높여주고 싶을 때 자연 네일 위에 천을 덮어씌우는 랩 오버레이를 하면 튼튼해진다. 손톱 전체에 붙이거나 원하는 부분만 붙여서 시술할 수 있다.

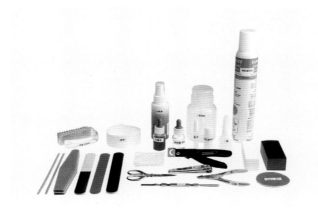

1) 시술에 필요한 재료

실크, 실크 가위, 글루, 젤글루, 필러 파우더, 글루 드라이, 클리퍼, 파일, 샌딩블럭, 라운드패드 3-way 또는 2-way, 오렌지 우드 스틱, 큐티클 오일, 푸셔

2) 시술 과정

① 손 소독

시술자와 고객의 손을 스킨 소독제로 소독한다.

② 큐티클 밀기

큐티클이 건조한 상태이므로 조심스럽게 푸셔한다. 너무 세게 하면 손톱 표면이 긁혀 손상을 입을 수도 있으므로 주의한다.

③ 손톱 모양(Shape) 잡기 및 광택 제거

손톱 모양은 둥근형(Round Shape)으로 하고 프리에지의 길이는 0.5m~1m 정도
가 적당하다. 파일로 표면의 광택을 제거한다.

• 광택 제거를 에칭(etching)한다고도 하며 에칭을 잘 주어야 인조 네일이 오래 유지
된다.

④ 실크 오리기

손톱 모양에 맞게 실크를 재단하여 붙여준다. 큐티클 부분의 한쪽 모서리만 둥글
게 자르고 손톱에 붙인 후 반대쪽을 잘라주는 방법도 있다.

⑤ 실크 붙이기

실크를 큐티클로부터 1~1.5mm 띄우고 손톱 전체에 붙인다.
비접착성 실크는 글루를 바르고 글루가 마르기 전에 붙인다.

TIP

찢어진 손톱 랩핑
찢어진 부분만 랩을 붙여서 시술할 수 있다.

6 글루 바르기

글루를 발라 실크를 손톱에 완전히 붙여준다.

7 표면 파일링 및 손톱 모양 잡기

180그릿의 파일로 손톱 모양을 잡아주면서 실크 랩 턱선을 매끄럽게 갈아준다.

라운드 패드로 프리에지 안쪽의 거스러미를 제거한다.

표면을 조금 더 자연스럽게 하기 위하여 샌딩블럭을 이용하여 버핑을 해준다.

8 글루 바르기와 젤 바르기

글루를 손톱 전체에 바른 후 젤을 발라준다.

네일 전체에 글루 1회 + 젤 글루 1회를 바르면 견고성과 투명도가 높아진다.

(글루나 젤 글루를 빨리 말려주기 위하여 글루 드라이를 사용할 수 있다.)

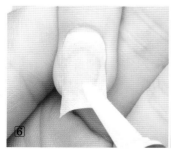  

9 표면 샌딩하기

샌딩블럭으로 표면을 매끄럽게 버핑한다.

10 3way 또는 2way를 이용해 광택을 내준다.

11 큐티클 오일을 바르고 푸셔로 마무리한다.

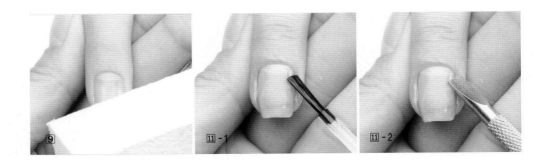

2. 실크 익스텐션

  손톱의 길이를 늘려주려고 할 때 인조손톱 등을 이용하지 않고 실크, 필러 파우더, 글루를 사용하여 손톱의 프리에지를 늘려주는 것으로 고난이도의 테크닉을 요한다. 역사가 가장 짧지만 가장 투명하며, 자연스럽고 튼튼하다.

1) C 커브

  (1) 실크 익스텐션은 특히 손톱의 형태를 만들기 때문에 'C' 커브가 매우 중요하다.
  (2) 보통 사람들의 손톱의 커브는 15~20% 정도가 가장 많다.
  (3) 숍에서 시술 시에는 20~30% 정도의 'C' 커브를 가장 많이 한다.
  (4) 'C' 커브의 정도는 팁 테두리 부분의 실질적인 커브의 길이이다.
  (5) 30~40%가 대회용으로 일반적으로 사용하는 적당한 'C' 커브이다.

'C' 커브의 정도 →

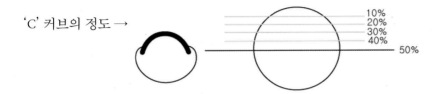

2) 실크 익스텐션 시술 시 중요 포인트

(1) C 커브가 잘 나오게 하려면

- 실크를 프리에지에 정확하게 붙여준다.
- 핀칭을 잘 준다.
- 실크를 사다리꼴로 재단한다.

(2) 연장한 부분이 틀어지거나 휘어지지 않게 하려면

- 짜여져 있는 실크의 결 방향을 잘 보고 붙여준다.
- 처음 글루를 바르고 모양을 잡을 때는 글루가 마를 때까지 실크를 잡고 있는다.

(3) 실크 익스텐션을 투명하게 하려면

- 글루와 필러를 1 : 1 정도의 비율로 사용한다.
- 글루 드라이의 사용을 자제한다.
- 불필요한 터치를 하지 않는다.
- 마무리 글루할 때 프리에지 안쪽을 발라준다.

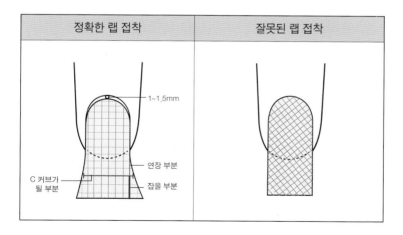

3) 시술에 필요한 재료

실크, 실크 가위, 글루, 젤글루, 필러 파우더, 글루 드라이, 클리퍼, 파일, 샌딩블럭, 라운드패드 3-way 또는 2-way, 오렌지 우드 스틱, 큐티클 오일, 푸서

4) 시술 과정

① 손 소독

시술자와 고객의 손을 스킨 소독제로 소독한다.

② 큐티클 밀기

큐티클이 건조한 상태이므로 조심스럽게 푸서한다. 너무 세게 하면 손톱 표면이 긁혀 손상을 입을 수도 있으므로 주의한다.

③ 손톱 모양(Shape) 잡기 및 광택 제거

손톱 모양은 둥근형(Round Shape)으로 하고 프리에지의 길이는 0.5~1mm 정도가 적당하다. 파일로 표면의 광택을 제거한다.

- 광택 제거를 에칭(etching)한다고도 하며 에칭을 잘 주어야 인조 네일이 오래 유지된다.

④ 실크 오리기

손톱 모양에 맞게 실크를 재단하는데 사다리꼴로 하는 것이 연장하는 데 편리하
다. 실크를 재단할 때 길이는 고객이 원하는 프리에지의 길이보다 0.5~1cm 정도
길게하면 모양을 잡을 때 편리하다.

큐티클 부분의 한쪽 모서리만 둥글게 자르고 손톱에 붙인 후 반대쪽을 잘라주는 방
법이 있다.

⑤ 실크 붙이기

실크를 큐티클로부터 1~1.5mm 떼우고 손톱 전체에 붙인다. 비접착성 실크는 글루
를 바르고 글루가 마르기 전에 붙인다.

※주의 : 프리에지 부분에 공기가 생기거나 뜨지 않도록 완전히 밀착되도록 붙인다.

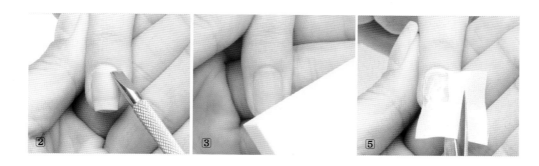

⑥ 글루 바르기 및 모양 잡기

자연 손톱 표면에 글루를 바르고 아래쪽으로 살짝 잡아당겨 랩을 밀착하고 늘리고
자 하는 길이 만큼 글루를 바른 후 글루가 마르기 전에 양쪽 모서리를 잡아당겨 'C'
커브형으로 모양을 만든다.

※주의 : 실크 랩에 글루를 많이 바르면 글루가 묻은 천이 손에 붙어 시술하기 불편
하므로 적당량을 발라야 한다.

7 필러 파우더 뿌리기 및 글루 흡수시키기

두께를 만들어 주기 위해 글루 바르기 → 필러 파우더 뿌리기 → 글루 흡수 시키기
를 프리에지부터 연장 부분까지 네일 보디의 2/3 부분까지 3~4회 반복하여 두께와
하이포인트를 만들어 준다.

한 번에 많은 양의 필러 파우더를 뿌려주면 기포로 인해 투명도가 떨어져 얇게 반
복하여 글루와 필러 파우더를 사용한다.

※주의 : 필러파우더는 네일 보디의 2/3 이상 올라가지 않도록 한다.

8 글루 드라이 및 핀칭 주기

글루를 빨리 말려주기 위하여 글루 드라이를 사용할 수 있다. 손톱에 통증을 유발
시킬 수 있으므로 10~20cm 띄우고 뿌려준다.

스트레스 포인트 부분부터 프리에지까지 전체적인 모양과 'C' 커브가 잘 나오도록
핀칭을 주어 모양을 잡아준다. 핀칭은 글루가 다 마르기 직전에 눌러준다. 굳고 있
는 상황에서 과도한 핀칭을 주면 균열(크랙)이 생길 수 있다.

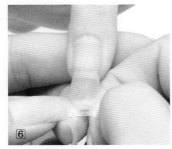
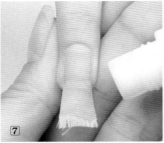

9 길이 자르기

클립퍼로 고객이 원하는 길이만큼 잘라준다.

잘못 자르면 원하는 길이보다 짧게 잘릴 수가 있으므로 조금씩 잘라준다.

⑩ 표면 파일링 및 손톱 모양 잡기

150그릿의 파일을 이용하여 표면을 매끄럽게 갈아주고 손톱 모양을 잡아주면서 180그릿의 파일로 실크 랩 턱선을 매끄럽게 갈아준다. 라운드 패드로 프리에지 안쪽의 거스러미를 제거한다. 표면을 조금 더 자연스럽게 하기 위하여 샌딩블럭을 이용하여 버핑을 해준다.

⑪ 글루 바르기

글루를 손톱 전체에 발라주고 프리에지 안쪽에도 발라준다. 프리에지 안쪽에 발라주면 견고성과 투명도가 높아진다. 네일 전체에 글루 1회 + 젤 글루 1회를 바르면 견고성과 투명도가 높아진다. (글루나 젤 글루를 빨리 말려주기 위하여 글루 드라이를 사용할 수 있다.)

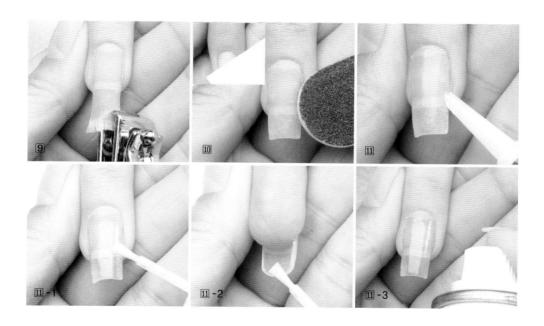

⑫ 표면 샌딩하기

  샌딩블럭으로 표면을 매끄럽게 버핑한다.

⑬ 3way 또는 2way를 이용해 광택을 내준다.

⑭ 큐티클 오일을 바르고 푸셔로 마무리한다.

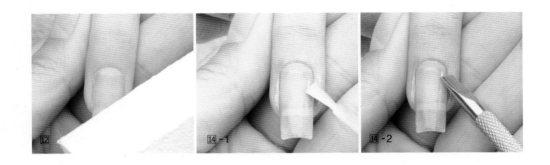

04. 젤 네일

분류 번호 : 1201010406_14v2

능력단위 명칭 : 젤 네일

능력단위 정의 : 네일 연장을 통한 고객의 네일 보호와 미적 요구 충족을 위하여 네일 위에 전 처리 후 폼과 젤을 적용하고 마무리할 수 있는 능력이다.

능 력 단 위 요 소	수 행 준 거
1201010406_14v2.1 네일 전 처리하기	1.1 시술 매뉴얼에 따라 시술에 적합한 네일 길이 및 모양을 만들 수 있다. 1.2 네일 상태에 따라 표면 정리를 통하여 제품의 밀착력을 높일 수 있다. 1.3 시술 매뉴얼에 따라 네일과 네일 주변의 각질·거스러미를 정리할 수 있다. 1.4 시술 매뉴얼에 따라 접착력을 높이기 위하여 전 처리제를 도포할 수 있다.
	【지 식】 ◦ 시술 매뉴얼에 대한 이해 ◦ 네일의 구조 ◦ 네일의 특성에 대한 이해 ◦ 파일의 용도별 사용법 ◦ 네일 프리에지 형태에 대한 이해 ◦ 더스트 브러시의 바른 사용법 ◦ 전 처리제의 성분에 대한 이해

1201010406_14v2.1 네일 전 처리하기	【기 술】 ○ 파일의 용도별 사용 능력 ○ 네일 표면 정리 능력 ○ 네일 길이 조각 능력 ○ 더스트 브러시의 사용 능력 ○ 전 처리제의 사용 능력 【태 도】 ○ 정확하고 바른 파일링 자세 ○ 제품의 안전한 사용을 위한 노력
1201010406_14v2.2 네일 폼 적용하기	2.1 시술 매뉴얼에 따라 네일과 폼 사이에 틈이 없도록 폼을 끼워 줄 수 있다. 2.2 고객의 손 상태에 따라 손 전체의 균형과 방향을 고려하여 폼을 끼울 수 있다. 2.3 시술 매뉴얼에 따라 수평이 되도록 정확하게 폼을 끼울 수 있다. 2.4 조형된 인조 네일의 손상 없이 네일 폼을 제거할 수 있다.
	【지 식】 ○ 시술 매뉴얼에 대한 이해 ○ 네일의 구조 ○ 네일 폼 적용 방법 【기 술】 ○ 네일 폼 적용 능력 ○ 네일 폼 제거 능력 【태 도】 ○ 정확하고 바른 네일 폼 적용 노력 ○ 고객에게 불편함을 주지 않기 위한 노력
1201010406_14v2.3 젤 적용하기	3.1 제품 설명서에 따라 젤 제품 전체의 사용법을 파악할 수 있다. 3.2 제품 사용법에 따라 젤 시술을 수행할 수 있다. 3.3 고객의 손톱 상태에 따라서 젤 시술 방법을 선택할 수 있다. 3.4 고객의 요청에 따라 네일 위에 보강하기나 원톤 스컬프처, 프렌 치 스컬프처, 디자인 스컬프처를 시술할 수 있다. 3.5 시술 매뉴얼에 따라 젤을 적절하게 적용할 수 있다. 3.6 시술 매뉴얼에 따라 정확한 각도와 방법으로 젤 브러시를 사용 할 수 있다. 3.7 고객의 네일 형태에 따라 인조 네일의 모양을 보정할 수 있다. 3.8 젤 램프 기기를 이용하여 인조 네일을 경화할 수 있다.

1201010406_14v2.3 젤 적용하기	【지 식】 ◦ 시술 매뉴얼에 대한 이해 ◦ 젤의 특성에 대한 지식 ◦ 젤 전용 브러시 사용 방법 ◦ 네일의 구조 ◦ 젤 램프 기기 사용 방법 【기 술】 ◦ 젤 램프 기기 사용 능력 ◦ 젤 브러시 사용 능력 ◦ 스컬프처 시술 능력 ◦ 젤 적용 능력 ◦ 인조 네일의 보정 능력 ◦ 네일 경화 능력 【태 도】 ◦ 브러시를 정확하고 바르게 적용하려는 노력 ◦ 제품의 안전한 사용을 위한 노력 ◦ 고객에게 불편함을 주지 않기 위한 노력
1201010406_14v2.4 마무리하기	4.1 시술 매뉴얼에 따라 미경화된 잔류 젤을 젤 클렌저를 사용하여 제 거할 수 있다. 4.2 시술 매뉴얼에 따라 인조 네일 표면을 인조 네일 구조에 맞추어 파 일링할 수 있다. 4.3 고객의 요구에 따라 모양과 길이에 맞게 마무리할 수 있다. 4.4 시술 매뉴얼에 따라 인조 네일 표면을 매끄럽게 파일링할 수 있다. 4.5 시술 매뉴얼에 따라 마무리를 위해 탑젤을 도포할 수 있다. 4.6 시술 매뉴얼에 따라 마무리를 위해 큐티클 오일을 바를 수 있다.
	【지 식】 ◦ 시술 매뉴얼에 대한 이해 ◦ 네일의 구조 ◦ 파일링 방법 ◦ 파일 종류에 대한 지식 ◦ 인조 네일의 구조 ◦ 버퍼 사용 방법 ◦ 인조 네일 마무리 방법 ◦ 젤 클렌저 사용 방법

1201010406_14v2.4 마무리하기	【기 술】	◦ 파일링 능력 ◦ 광택 능력 ◦ 큐티클오일 살포 능력 ◦ 컬러링 능력 ◦ 버퍼 사용 능력 ◦ 인조 네일 마무리 능력 ◦ 젤 클렌저 사용 능력
	【태 도】	◦ 정확하고 청결한 마무리 자세 ◦ 작업 완료 후 깨끗하고 청결하게 정리하는 자세 ◦ 고객에게 불편함을 주지 않기 위한 노력

적용 시 고려 사항

- 각종 화학제품을 사용해야 하므로 환기를 철저히 한다.
- 기기 및 용품은 위생적으로 관리하여 병의 전염 가능성을 감소시키고 고객들로 하여금 위생적이고 청결한 환경에서 서비스받도록 한다.
- 네일숍 내에서 사용하는 전기제품의 사용법과 특성, 안전수칙을 올바르게 알고 있어야 한다.
- 응급처치 용품 세트를 구비하고 있어야 한다.
- 네일 교정의 목적이 고려되어야 한다.
- 시술 가능한 네일 상태를 고려하여야 한다.
- 전 처리제 제품은 프리 프라이머, 프라이머, 본더로 구분되고, 인조 네일 시술 시 자연 네일에 도포하여 유·수분을 조절해 줌으로써 밀착력을 높여주는 제품을 말한다.
- 인조 네일의 구조는 하이포인트, 로우 포인트, 아펙스, 컨케이브, 컨벡스, C-커브, 사이드 스트레이트, 페케이드 스트레이트, 프리에지의 형태, 프리에지의 길이를 말한다.

1. 폼 적용 방법

1) 네일 폼(Form)의 종류

스컬프처 네일 시술 시 손톱 밑에 끼워 손톱의 모양을 잡아주는 틀이다.

① 붙여서 고정하는 일회용 스티커 폼 (종이)

② 구부려 고정하는 반영구적인 알루미늄, 플라스틱 등의 폼

종이 폼	플라스틱 폼

2) 올바른 폼 끼우기 방법

(1) 네일 폼을 손톱 모양으로 구부려 시술할 프리에지(손톱 밑) 밑에 끼운다.

(2) 네일 폼의 방향:손가락 끝 마디 선과 평행이 되도록 하거나 손가락과 손톱의 방향
이 휘어졌을 경우 전체 손가락 방향에 맞추도록 한다.

(3) 너무 세게 밀어 손톱 밑의 피부(하이포니키움)가 상하지 않도록 고정한다.

(4) 손톱 밑의 피부 손상을 예방하기 위해 옐로 라인과 동일한 네일 폼을 선택하여 사
용하거나 라인에 맞도록 재단하여 사용한다.

(5) 손톱과 네일 폼 사이에 공간이 생기지 않도록 고정한다.

(6) 손톱 모양을 둥근형으로 하여 폼이 찌그러지는 것을 방지한다.

TIP **옐로 라인** : 손톱과 네일 베드의 경계선으로 프리에지 라인, 프렌치 라인이라고도 한다.

3) 손톱의 형태별 폼 적용 방법

(1) 일반적인 손톱의 폼 적용 방법

측 면	윗 면
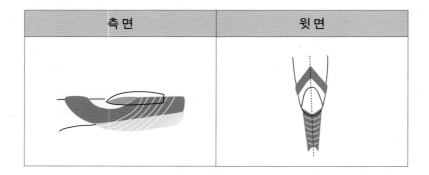	

(2) 위로 올라간 형태의 손톱에 네일 폼 적용 방법

① 위로 들린 손톱은 손톱과 폼 사이 공간이 없도록 끼우다 보면 더 위로 들려 있는 손톱의 형태를 만들 수 있어 정확한 폼 적용 방법이 필요하다.

② 네일 폼을 프리에지를 최대한 짧게 자르며 손톱과 네일 폼 사이에 공간이 생기더라도 손톱의 수정 보완을 위해 아래로 내려 수행이 되도록 끼운다.

③ 단점은 스트레스 포인트 부분이 얇아 잘 부러질 수 있다.

④ 네일 폼을 장착하는 시술보다는 커브 팁을 이용한 연장 시술 방법이 가장 적절하다.

정확한 폼 적용	잘못된 폼 적용
폼과 손톱 사이에 공간이 생김 → 수평	→ 수평

(3) 아래로 휘어진 형태의 손톱에 네일 폼 적용 방법

① 아래로 휜 손톱은 손톱과 폼 사이 공간이 없도록 끼우다 보면 더 휘어진 손톱의 형태를 만들 수 있어 정확한 폼 적용 방법이 필요하다.

② 손톱과 네일 폼 사이에 공간이 생기더라도 손톱의 수정 보완을 위해 위로 올려 수평이 되도록 끼운다.

③ 단점은 스트레스 포인트 부분이 두껍고 'C' 커브가 작게 나올 수 있다.

정확한 폼 적용	잘못된 폼 적용
→수평	→수평

2. 젤 적용 방법

1) 원 톤 스컬프처 프리에지 젤 올리는 방법

(1) 클리어 젤을 프리에지 중앙에 올린다.

(2) 젤을 오른쪽 스트레스 포인트 부분으로 끌어당겨 채워주면서 손톱의 길이와 폭을 만든다.

(3) (2)와 같은 방법으로 반대쪽도 만들어 주고 가운데가 부족하면 젤을 보충해 준다.

(4) 연장된 프리에지의 사이드와 끝 부분을 정리하여 손톱 모양을 만들고 큐어링한다.

(5) 젤 팁 오버레이와 같은 방법으로 클리어 젤을 올려준다.

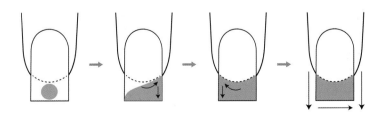

2) 젤 프렌치 스컬프처 화이트 젤 올리는 방법

(1) 옐로 라인에 화이트 젤을 올려 기본 스마일 라인을 만든다.

(2) 스마일 라인 선 아래 부분 중앙에 젤을 올린다.

(3) 젤을 오른쪽 스트레스 포인트 부분으로 끌어당겨 채워주면서 손톱의 길이와 폭을 만든다.

(4)(3)과 같은 방법으로 반대쪽도 만들어 주고 가운데가 부족하면 젤을 보충해 준다.

(5) 스퀘어 브러시를 이용하여 스마일 라인을 선명하고 깨끗하게 만들고 연장된 프리 에지의 사이드와 끝 부분을 정리하여 손톱 모양을 만들고 큐어링한다.

(6) 젤 팁 오버레이와 같은 방법으로 클리어 젤을 올려준다.

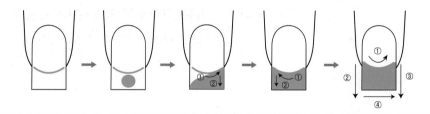

> **TIP** 기본 스마일 라인 가이드를 만들지 않고 바로 화이트젤을 이용해 스마일라인과 프리에지를 만들 수 있다.

3. 라이트큐어드 젤(UV젤) 원톤 스컬프처

네일 팁을 사용하지 않고 네일 폼을 적용 후 클리어 젤을 올려 손톱의 길이를 연장하는 방법으로, 투명하게 길이를 연장하고 싶을 때 시술하며, 깨끗하고 팁보다 자연스럽다.

1) 시술에 필요한 재료

라이트 큐어드 젤(클리어), 큐어링 라이트기, 젤 브러시, 네일 폼, 젤 본더(프라이머),

젤 크리너, 브러시 크리너, 톱 젤, 베이스 젤, 젤 와이퍼, 파일, 샌딩블럭, 라운드패드, 오렌지 우드 스틱, 푸셔

2) 시술 과정

① 손 소독

② 큐티클 밀기

③ 손톱 모양(Shape) 잡기 및 광택 제거

④ 네일 폼 끼우기

네일 폼을 손톱 모양으로 구부려 시술할 프리에지(손톱 밑) 밑에 공간이 생기지 않도록 끼워 고정한다.

• 너무 세게 밀면 손톱 밑의 피부가 상할 우려가 있다.

⑤ 젤 본더 바르기(실기시험 시 생략 가능)

피부에 닿지 않게 자연손톱에만 소량 발라준다.(큐어링은 제품에 따라서 선택 가능)

⑥ 젤 올리기 Ⅰ

브러시가 네일 폼 표면에 닿지 않도록 가볍게 클리어 젤을 프리에지에 올려 손톱의 길이와 폭을 만든다.

⑦ 큐어링

1~2분 큐어링한다. (제품사마다 다름)

⑧ 젤 올리기 Ⅱ

브러시가 손톱 표면에 닿지 않도록 가볍게 클리어 젤을 보디 중앙에 올리고 큐티클 라인의 1~1.5mm까지 끌어 올리고 브러시를 움직여 사이드 부분에 젤을 채워주면서 프리에지 쪽으로 젤을 올려준다. 남은 젤을 가지고 반대쪽 사이드와 프리에지를 올려준다. 꺼진 부분이 있으면 젤을 다시 떠서 채워준다.

⑨ 큐어링

1~2분 큐어링한다. (제품사마다 다름)
손톱 표면 상태와 하이포인트에 따라 ⑧, ⑨를 반복할 수 있다.

  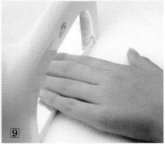

⑩ 폼 제거 및 표면 닦기

네일 폼을 제거한 후 젤 크리너를 이용해 미경화된 젤을 깨끗하게 닦아준다.

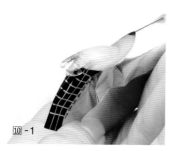
⑩ -1

⑩ -2

⑪ 표면 파일링 및 손톱 모양 잡기

150그릿의 파일로 정면과 측면, 프리에지 부분의 두께를 일정하게 맞추고 능선 C 커브가 나오도록 파일하여 네일 표면을 매끄럽게 해주고 손톱 모양을 잡는다.

⑫ 표면 샌딩하기

샌딩블럭으로 표면을 매끄럽게 샌딩(버핑)한다.

⑬ 톱 젤 바르기

젤 크리너로 닦을 때 쓸려 나올 수 있으므로 폴리시 두께 정도로 바른다.

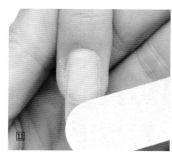
⑪

⑫

⑬

⑭ 큐어링

　1~2분 큐어링한다. (제품사마다 다름)

⑮ 표면 닦기

　젤 크리너를 이용해 미경화된 젤을 깨끗하게 닦아준다.(제품사마다 다름)

⑯ 큐티클 오일을 바르고 푸셔로 마무리한다.

4. 라이트 큐어드 젤(UV 젤) 프렌치 스컬프처

　손톱을 연장하면서 프렌치 효과를 주고 싶을 때 시술하는 방법으로 네일 폼을 적용 후 화이트 젤로 프리에지를 만들고 핑크나 클리어 젤로 보디를 커버하여 연장하는 방법이다.

1) 시술에 필요한 재료

　라이트 큐어드 젤(화이트, 클리어, 핑크), 큐어링 라이트기(UV 램프), 젤 브러시, 네일 폼, 젤 본더(프라이머), 젤 크리너, 브러시 크리너, 톱 젤, 베이스 젤, 젤 와이퍼, 파일, 샌딩블럭, 라운드 패드, 오렌지 우드 스틱, 푸셔

2) 시술 과정

[1] 손 소독

[2] 큐티클 밀기

[3] 손톱 모양(Shape) 잡기 및 광택 제거

[4] 네일 폼 끼우기

네일 폼을 손톱 모양으로 구부려 시술할 프리에지(손톱 밑) 밑에 공간이 생기지 않도록 끼워 고정한다.

※ 너무 세게 밀면 손톱 밑의 피부가 상할 우려가 있다.

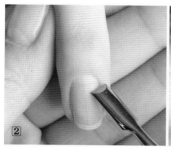
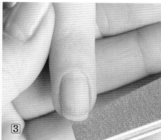

[5] 젤 본더 바르기

[6] 젤 올리기 Ⅰ

브러시에 힘을 주지 않고 가볍게 프리에지 부분에 화이트 젤이나 네추럴 젤을 올려 길이와 폭을 만들어 준다.

• 핑크 젤을 네일 보디에 먼저 발라주어 옐로 라인 부분에 두께를 만들어 주고 큐어 링한 후 프리에지 부분에 화이트 젤을 올려 스마일 라인을 만든 다음 길이와 폭을 만들어 주는 방법도 있다.

[7] 큐어링

1~2분 큐어링 한다. (제품사마다 다름)

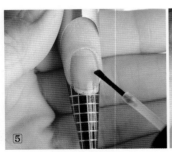 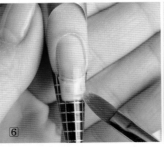 

⑧ 젤 올리기 Ⅱ

화이트 젤을 프리에지에 올려 손톱의 길이와 폭을 만들면서 스마일 라인을 만들어
준다.

⑨ 큐어링

1~2분 큐어링 한다. (제품사마다 다름)

⑩ 젤 올리기 Ⅲ

브러시가 손톱 표면에 닿지 않도록 가볍게 클리어 젤을 보디 중앙에 올리고 큐티클
라인의 1~1.5mm 까지 끌어 올리고 브러시를 움직여 사이드 부분에 젤을 채워주면
서 프리에지 쪽으로 젤을 채워준다. 남은 젤을 가지고 반대쪽 사이드와 프리에지
를 올려준다. 꺼진 부분이 있으면 젤을 다시 떠서 채워준다.

⑪ 큐어링

1~2분 큐어링 한다. (제품사마다 다름)

손톱 표면 상태와 하이포인트를 위해 ⑩, ⑪을 반복할 수 있다.

⑫ 폼 제거 및 표면 닦기

네일 폼을 제거한 후 젤 크리너를 이용해 미경화된 젤을 깨끗하게 닦아준다.

⑬ 표면 파일링 및 손톱 모양 잡기

150그릿의 파일로 정면과 측면, 프리에지 부분의 두께를 일정하게 맞추고 능선 'C' 커브가 나오도록 파일링하여 네일 표면을 매끄럽게 해주고 손톱 모양을 잡는다.

⑭ 표면 샌딩하기

샌딩블럭으로 표면을 매끄럽게 샌딩(버핑)한다.

⑮ 톱 젤 바르기

젤 크리너로 닦을 때 쓸려 나올 수 있으므로 폴리시 두께 정도로 바른다.

⑯ 큐어링

1~2분 큐어링 한다. (제품사마다 다름)

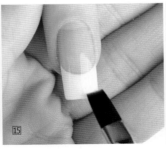

17 표면 닦기

젤 크리너를 이용해 미경화된 젤을 깨끗하게 닦아준다.(제품사마다 다름)

18 큐티클 오일을 바르고 푸셔로 마무리한다.

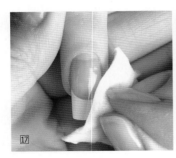

5. 라이트 큐어드 젤(UV 젤) 디자인 스컬프처

디자인의 효과를 주고 싶을 때 시술하는 방법으로 네일 폼을 적용 후 다양한 컬러의 젤을 이용해 프리에지를 연장하고 엠보젤과 다양한 네일 부자재로 디자인을 한 후 핑크나 클리어 젤로 보디를 커버하여 연장하는 방법이다.

1) 시술에 필요한 재료

라이트 큐어드 젤(클리어, 컬러, 엠보, 펄), 큐어링 라이트기(UV 램프), 젤 브러시, 네일 폼, 젤 본더(프라이머), 젤 크리너, 브러시 크리너, 톱 젤, 베이스 젤, 젤 와이퍼, 파일, 샌딩블럭, 라운드 패드, 오렌지 우드 스틱, 푸셔

2) 시술 과정

① 손 소독

② 큐티클 밀기

③ 손톱 모양(Shape) 잡기 및 광택 제거

④ 젤 본더 바르기

⑤ 네일 폼 끼우기

네일 폼을 손톱 모양으로 구부려 시술할 프리에지(손톱 밑) 밑에 공간이 생기지 않도록 끼워 고정한다.

※ 너무 세게 밀면 손톱 밑의 피부가 상할 우려가 있다.

⑥ 젤 올리기 Ⅰ

브러시에 힘을 주지 않고 가볍게 프리에지 부분에 레드 칼라 젤을 올려 베이스를 만든 다음 길이와 폭을 만들어 준다.

7 큐어링

1~2분 큐어링 한다. (제품사마다 다름)

8 필름지 올리기 및 큐어링

브러시를 이용하여 난사를 올려준 후 30초 정도 큐어링 한다. (제품사마다 다름)

9 젤 올리기 III

브러시가 손톱 표면에 닿지 않도록 가볍게 클리어 젤을 보디 중앙에 올리고 큐티클
라인의 1~1.5mm 까지 끌어 올리고 브러시를 움직여 사이드 부분에 젤을 채워주고
프리에지 쪽으로 젤을 올려준다. 남은 젤을 가지고 반대쪽 사이드와 프리에지를
채워준다. 꺼진 부분이 있으면 젤을 다시 떠서 채워준다.

10 큐어링

1~2분 큐어링 한다. (제품사마다 다름)
손톱 표면 상태와 하이포인트를 위해 ⑩, ⑪을 반복할 수 있다.

11 폼 제거 및 표면 닦기

네일 폼을 제거한 후 젤 크리너를 이용해 미경화된 젤을 깨끗하게 닦아준다.

12 표면 파일링 및 손톱 모양 잡기

150그릿의 파일로 정면과 측면, 프리에지 부분의 두께를 일정하게 맞추고 능선 C
커브가 나오도록 파일링하여 네일 표면을 매끄럽게 해주고 손톱 모양을 잡는다.

13 표면 샌딩하기

샌딩블럭으로 표면을 매끄럽게 샌딩(버핑)한다.

14 톱 젤 바르기 및 큐어링

젤 크리너로 닦을 때 쓸려 나올 수 있으므로 폴리시 두께 정도로 바른다.

1~2분 큐어링 한다. (제품사마다 다름)

15 표면 닦기

젤 크리너를 이용해 미경화된 젤을 깨끗하게 닦아준다.(제품사마다 다름)

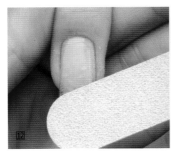  

16 마무리

05. 아크릴릭 네일

분류 번호 : 1201010407_14v2

능력단위 명칭 : 아크릴릭 네일

능력단위 정의 : 네일 연장을 통한 고객의 네일 보호와 미적 요구 충족을 위하여 네일 위에 전 처리 후 폼과 아크릴릭을 적용하고 마무리할 수 있는 능력이다.

능 력 단 위 요 소	수 행 준 거
1201010407_14v2.1 네일 전 처리하기	1.1 시술 매뉴얼에 따라 시술에 적합한 네일 길이 및 모양을 만들 수 있다. 1.2 네일 상태에 따라 표면 정리를 통하여 제품의 밀착력을 높일 수 있다. 1.3 시술 매뉴얼에 따라 네일과 네일 주변의 각질·거스러미를 정리할 수 있다. 1.4 시술 매뉴얼에 따라 접착력을 높이기 위하여 전 처리제를 도포할 수 있다.
	【지 식】 ◦ 시술 매뉴얼에 대한 이해 ◦ 네일의 구조 ◦ 네일 특성 ◦ 파일의 용도별 사용법 ◦ 네일 프리에지 형태의 이해 ◦ 더스트 브러시의 바른 사용법 ◦ 전 처리제의 성분의 이해

1201010407_14v2.1 네일 전 처리하기	【기 술】 ◦ 파일의 용도별 사용 능력 ◦ 네일 표면 정리 능력 ◦ 네일 길이 조각 능력 ◦ 더스트 브러시의 사용 능력 ◦ 전 처리제의 사용 능력 【태 도】 ◦ 정확하고 바른 파일링 자세 ◦ 제품의 안전한 사용을 위한 노력
1201010407_14v2.2 네일 폼 적용하기	2.1 시술 매뉴얼에 따라 네일과 폼 사이에 틈이 없도록 폼을 끼워 줄 수 있다. 2.2 고객의 손 상태에 따라 손 전체의 균형과 방향을 고려하여 폼을 끼울 수 있다. 2.3 시술 매뉴얼에 따라 수평이 되도록 정확하게 폼을 끼울 수 있다. 2.4 조형된 인조 네일의 손상 없이 네일 폼을 제거할 수 있다.
	【지 식】 ◦ 시술 매뉴얼에 대한 이해 ◦ 네일의 구조 ◦ 네일 폼 적용 방법 【기 술】 ◦ 네일 폼 적용 능력 ◦ 네일 폼 제거 능력 【태 도】 ◦ 정확하고 바른 네일 폼 적용 노력 ◦ 고객에게 불편함을 주지 않기 위한 노력
1201010407_14v2.3 아크릴릭 적용하기	3.1 제품 설명서에 따라 아크릴릭 제품 전체의 사용법을 파악할 수 있다. 3.2 제품 사용법에 따라 아크릴릭 시술을 수행할 수 있다. 3.3 시술 매뉴얼에 따라 모노머와 폴리머를 적절하게 혼합할 수 있다. 3.4 시술 매뉴얼에 따라 정확한 각도와 방법으로 아크릴 브러시를 사용할 수 있다. 3.5 고객의 손톱 상태에 따라서 시술 방법을 선택할 수 있다. 3.6 고객의 요청에 따라 네일 위에 보강하거나 원톤 스컬프처, 내추럴 스컬프처, 프렌치 스컬프처, 디자인 스컬프처를 선택하여 시술할 수 있다. 3.7 고객의 네일 형태에 따라 인조 네일의 모양을 보정할 수 있다.

1201010407_14v2.3 아크릴릭 적용하기	【지 식】 ◦ 시술 매뉴얼에 대한 이해 ◦ 모노머의 특성에 대한 지식 ◦ 폴리머의 특성에 대한 지식 ◦ 모노머의 화학 반응에 대한 지식 ◦ 아크릴릭 전용 브러시의 재질에 대한 지식 ◦ 아크릴릭 전용 브러시 사용 방법 ◦ 네일의 구조 ◦ 중합체의 특성에 대한 지식 【기 술】 ◦ 모노머, 폴리머 분업 능력 ◦ 아크릴릭 시술 능력 ◦ 인조 네일 모양 보정 능력 【태 도】 ◦ 브러시를 정확하고 바르게 적용하려는 노력 ◦ 제품의 안전한 사용을 위한 노력 ◦ 고객에게 불편함을 주지 않기 위한 노력
1201010407_14v2.4 마무리하기	4.1 시술 매뉴얼에 따라 인조 네일 표면을 인조 네일 구조에 맞추어 파일링할 수 있다. 4.2 고객의 요구에 따라 모양과 길이에 맞게 마무리할 수 있다. 4.3 시술 매뉴얼에 따라 인조 네일 표면을 매끄럽게 파일링할 수 있다. 4.4 시술 매뉴얼에 따라 마무리를 위해 큐티클 오일을 바를 수 있다. 4.5 시술 매뉴얼에 따라 광택으로 마무리할 수 있다.
	【지 식】 ◦ 시술 매뉴얼에 대한 이해 ◦ 네일의 구조 ◦ 파일링 방법 ◦ 파일 종류에 대한 지식 ◦ 인조 네일의 구조 ◦ 버퍼 사용 방법 ◦ 인조 네일 마무리 방법

1201010407_14v2.4 마무리하기	【기 술】	○ 파일링 능력 ○ 광택 능력 ○ 큐티클오일 살포 능력 ○ 컬러링 능력 ○ 버퍼 사용 능력 ○ 인조 네일 마무리 능력
	【태 도】	○ 정확하고 청결한 마무리 자세 ○ 작업 완료 후 깨끗하고 청결하게 정리하는 자세 ○ 고객에게 불편함을 주지 않기 위한 노력

적용 시 고려 사항

- 모노머는 단량체의 분자구조를 가지고 있는 아크릴릭 리퀴드이다.
- 폴리머는 고분자로서 다량체의 분자구조를 가지고 있는 아크릴릭 파우더이다.
- 각종 화학제품을 사용해야 하므로 환기에 신경을 쓰도록 한다.
- 기기 및 용품은 위생적으로 관리하여 병의 전염 가능성을 감소시키고 고객들로 하여금 위생적이고 청결한 환경에서 서비스받도록 한다.
- 네일숍 내에서 사용하는 전기제품의 사용법과 특성, 안전수칙을 올바르게 알고 있어야 한다.
- 응급처치 용품 세트를 구비하고 있어야 한다.
- 네일 폼은 종이 재질 스티커 타입으로 인조 팁을 붙이는 대신 자연 네일의 프리 에지 부분에 접착하여 인조 네일이 완성되도록 틀이 되어주는 재료를 말한다.
- 스컬프처는 인조 팁을 사용하지 않고 네일 폼을 손톱에 접착시키고 그 위에 시술 제품을 올려 조형하여 인조 네일 모양을 만든 뒤 네일 폼을 떼어내는 시술 방법을 말한다.
- 아크릴릭 원톤 스컬프처는 아크릴릭 파우더를 클리어 파우더, 내추럴 파우더, 핑크 파우더 중 한 가지 색만을 사용하여 손톱을 만들어 주는 시술 방법을 말한다.

- 아크릴릭 내추럴(혹은 내추럴 프렌치) 스컬프처는 아크릴 파우더 중 내추럴 색상을 이용하여 네일 프리에지 부분의 길이를 만들어 준 뒤 네일 베드 부분은 클리어 또는 핑크 파우더를 이용하여 연결하는 시술 방법을 말한다.
- 아크릴릭 프렌치 스컬프처는 네일 프리에지 부분에 화이트 아크릴 파우더를 이용하여 길이를 늘려 주고 고객 손톱에 어울리는 깨끗한 스마일 라인을 만들어 주고 네일 베드 부분에는 핑크 또는 클리어 파우더를 사용하여 프리에지 부분과 연결시켜 주는 시술 방법을 말한다.
- 아크릴릭 디자인 스컬프처는 아크릴 파우더로 길이를 연장한 뒤 그 위에 컬러 파우더를 이용하여 디자인하는 시술 방법을 말한다.
- 전 처리제 제품은 프리 프라이머, 프라이머, 본더로 구분되며, 인조 네일 시술 시 자연 네일에 도포하여 유·수분을 조절해 줌으로써 밀착력을 높여주는 제품을 말한다.
- 인조 네일의 구조는 하이포인트, 로우 포인트, 아펙스, 컨케이브, 컨벡스, C 커브, 사이드 스트레이트, 페케이드 스트레이트, 프리에지의 형태, 프리에지의 길이를 말한다.

1. 아크릴릭 원톤 스컬프처

네일 팁을 사용하지 않고 네일 폼을 적용 후 한 가지 컬러의 아크릴릭을 올려 손톱의 길이를 연장하는 방법으로, 투명하고 깨끗하게 길이를 연장하고 싶을 때 길이를 연장한다.

1) 시술에 필요한 재료

아크릴릭 파우더(클리어, 핑크, 내추럴), 리퀴드, 프라이머, 브러시, 브러시 크리너, 디펜디시(리퀴드 용기), 네일 폼, 파일, 샌딩블럭, 라운드 패드, 큐티클 오일, 푸셔, 3way 또는 2way

2) 시술 과정

① 손 소독

② 큐티클 밀기

③ 손톱 모양(Shape) 잡기 및 광택 제거

④ 프라이머 바르기

손톱 위의 불순물을 제거하고 피부에 닿지 않게 소량 바른다.

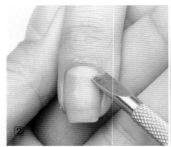  

⑤ 네일 폼 끼우기

네일 폼을 손톱 모양으로 구부려 시술할 프리에지(손톱 밑) 밑에 공간이 생기지 않도록 끼워 고정한다.
- 너무 세게 밀면 손톱 밑의 피부가 상할 우려가 있다.

⑥ 아크릴릭 볼 올리기(클리어 or 핑크 파우더 사용)

브러시를 리퀴드에 적당히 적셔 파우더에 살짝 찍어 볼을 만들어 프리에지 부분에 볼을 올려 손톱의 길이·폭·두께를 만들고, 두 번째는 네일의 양 가장자리는 얇게 하며 네일의 중간 지점(하이포인트)에 볼을 올린 후, 세 번째 아크릴릭 볼을 큐티클 주위에 얇게 펴 바른 후 전체를 매끄럽게 쓸어내려 준다.

⑦ 핀칭(Pinching)

아크릴릭이 완전히 건조되기 전에 스트레스 포인트 부분부터 프리에지까지 양 엄지손톱으로 전체적인 모양과 C 커브가 잘 나오도록 핀칭(눌러주기)을 준다.

스트레스 포인트 부분 전체적인 모양과 C 커브가 잘 나오도록 핀치를 주어 모양을 잡아준다.

⑧ 네일 폼 떼기

아크릴릭 브러시의 손잡이로 두드려 맑은 소리가 나면 건조된 것이므로 네일 폼을 떼어낸다.

⑨ 표면 파일링 및 손톱 모양 잡기

브러시 대로 두드려 보아 건조된 것을 확인하고 거친 파일(100~150그릿), 중간 파일(180그릿), 부드러운 파일(240그릿)을 차례대로 사용하여 정면과 측면, 프리에지 부분의 두께를 일정하게 맞추고 능선 C 커브가 나오도록 파일하여 네일 표면을 매끄럽게 해주고, 손톱 모양을 잡는다.

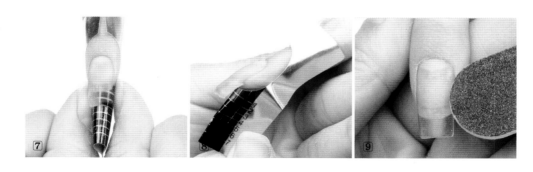

⑩ 표면 샌딩하기

샌딩블럭으로 표면을 매끄럽게 샌딩(버핑)한다.

⑪ 3-way 또는 2-way를 이용하여 광택내기

⑫ 큐티클 오일을 바르고 푸셔로 마무리

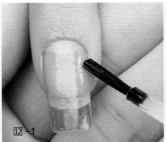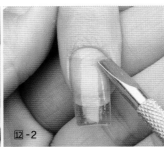

2. 아크릴릭 투톤 스컬프처

일명 프렌치 스컬프처라고도 하며 프렌치 효과를 주고 싶을 때 하는 방법으로 네일 폼을 적용 후 주로 화이트 파우더로 프리에지를 만들고 클리어나 핑크 파우더로 보디를 커버하여 연장하는 방법이나, 다양한 컬러의 파우더를 이용해 프리에지를 연장하여 시술할 수도있다.

1) 아크릴릭 프렌치 올리는 방법

(1) 화이트 파우더로 화이트 아크릴릭 볼을 만들어 프리에지부분에 올린다.

(2) 옐로 라인(손톱과 네일 베드의 경계선)의 중심에서 스트레스 포인트 쪽으로 스마일 라인을 만든다.

(3) 반대쪽 스트레스 포인트 쪽으로 스마일 라인을 만든다.

(4) 손톱의 두께를 만든다.

(5) 손톱의 길이와 폭을 만든다.

(6) 브러시를 이용하여 마무리로 선명하고 깨끗한 스마일 라인을 만든다.

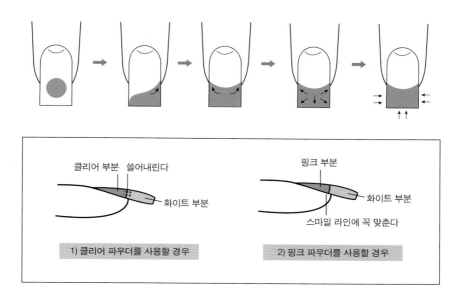

〈아크릴릭 프렌치 올리는 순서〉

클리어 부분 쓸어내린다
화이트 부분
1) 클리어 파우더를 사용할 경우

핑크 부분
화이트 부분
스마일 라인에 꼭 맞춘다
2) 핑크 파우더를 사용할 경우

2) 시술에 필요한 재료

아크릴릭 파우더(화이트, 클리어, 핑크), 리퀴드, 프라이머, 프리 프라이머, 브러시, 브러시 크리너, 디펜디시(리퀴드 용기), 네일 폼, 파일, 샌딩블럭, 라운드 패드, 건식 매니큐어 재료 포함

3) 시술 과정

① 손 소독

② 큐티클 밀기

③ 손톱 모양(Shape) 잡기 및 광택 제거

④ 프리 프라이머 또는 프라이머 바르기

   손톱 위의 불순물을 제거하고 피부에 닿지 않게 바른다.

⑤ 네일 폼 끼우기

네일 폼을 손톱 모양으로 구부려 시술할 프리에지(손톱 밑) 밑에 공간이 생기지 않
도록 끼워 고정한다.
• 너무 세게 밀면 손톱 밑의 피부가 상할 우려가 있다.

⑥ 아크릴릭 볼 올리기

① 브러시를 리퀴드에 적당히 적셔 화이트 파우더에 살짝 찍어 볼을 만들어 프리에
지 부분에 볼을 올려 손톱의 길이·폭·두께 그리고 스마일 라인을 만든다.

② 두 번째는 클리어나 핑크 파우더로 볼을 만들어 네일의 양 가장자리는 얇게 하
며 네일의 중간 지점(하이포인트)에 볼을 올려준다.

③ 세 번째 아크릴릭 볼을 큐티클 주위를 얇게 펴 바른 후 전체를 매끄럽게 쓸어내
려 준다.

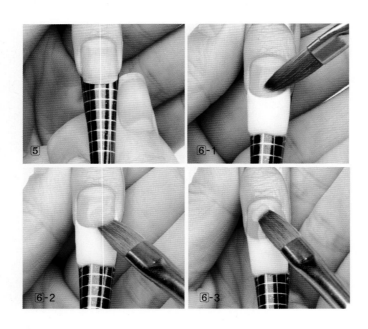

7 핀칭(Pinching)

아크릴릭이 완전히 건조되기 전에 스트레스 포인트 부분부터 프리에지까지 양 엄지손톱으로 전체적인 모양과 C 커브가 잘 나오도록 핀칭(눌러주기)을 준다.
스트레스 포인트 부분 전체적인 모양과 C 커브가 잘 나오도록 핀칭을 주어 모양을 잡아준다. 화이트 아크릴릭이 눌리지 않도록 화이트 파우더의 특성상 프리에지 부분이 퍼져 보일 수 있다.

8 네일 폼 떼기

아크릴릭 브러시의 손잡이로 두드려 맑은 소리가 나면 건조된 것이므로 네일 폼을 떼어낸다.

9 표면 파일링 및 손톱 모양 잡기

브러시 대로 두드려 보아 건조된 것을 확인하고 거친 파일(100~150그릿), 중간 파일(180그릿), 부드러운 파일(240그릿)을 차례대로 사용하여 정면과 측면, 프리에지 부분의 두께를 일정하게 맞추고 능선 C 커브가 나오도록 파일하여 네일 표면을 매끄럽게 해주고, 손톱 모양을 잡는다.

10 표면 샌딩하기

샌딩블럭으로 표면을 매끄럽게 샌딩(버핑)한다.

11 3-way 또는 2-way를 이용하여 광택내기

⑫ 큐티클 오일을 바르고 푸셔로 마무리

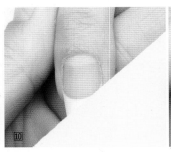

⑩　⑫-1　⑫-2

3. 아크릴릭 디자인 스컬프처

다양한 컬러의 아크릴릭 파우더를 올려 손톱의 길이를 연장하고 아크릴릭 2D 디자인 이나 자개, 글리터 등의 네일 부자재 올리고 그 위에 클리어 파우더를 덮어 손톱을 연장 하는 방법이다. 디자인을 속에 넣지 않고 손톱을 완성하고 그 위에 2D를 올리는 방법도 있다.

1) 시술에 필요한 재료

아크릴릭 파우더(화이트, 클리어, 컬러, 펄), 리퀴드, 프라이머, 프리 프라이머, 브러시, 브러시 크리너, 디펜디시(리퀴드 용기), 네일 폼, 파일, 샌딩블럭, 라운드 패드, 건식 매 니큐어 재료 포함

2) 시술 과정

① 손 소독
② 큐티클 밀기

③ 손톱 모양(Shape) 잡기 및 광택 제거

④ 프리 프리이머 또는 프라이머 바르기

⑤ 네일 폼 끼우기

⑥ 베이스 만들기

노랑과 빨강 컬러 파우더로 프리에지 부분을 만든다.

⑦ 디자인하기

• 흰색과 분홍색 파우더로 꽃잎과 넝쿨을 만든다.
• 노랑 파우더로 꽃 수술을 만든다.

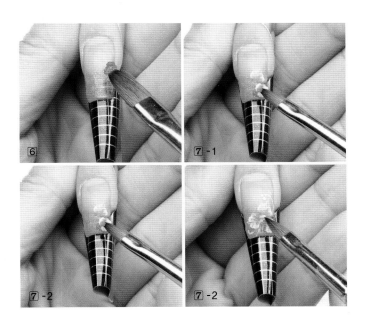

⑧ 아크릴릭 볼 올리기(클리어 파우더 사용)

브러시를 리퀴드에 적당히 적셔 파우더에 살짝 찍어 볼을 만들어 프리에지 부분에
볼을 올려 손톱의 두께를 만들고, 두 번째는 네일의 양 가장자리는 얇게 하며 네일
의 중간 지점(하이포인트)에 볼을 올린 후, 세 번째 아크릴릭 볼을 큐티클 주위에

얇게 펴 바른 후 전체를 매끄럽게 쓸어내려 디자인을 커버한다.

⑨ 핀칭(Pinching)

아크릴릭이 완전히 건조되기 전에 스트레스 포인트 부분부터 프리에지까지 양 엄지손톱으로 전체적인 모양과 C 커브가 잘 나오도록 핀칭(눌러주기)을 준다.
스트레스 포인트 부분 전체적인 모양과 C 커브가 잘 나오도록 핀칭을 주어 모양을 잡아준다. 화이트 아크릴릭이 눌리지 않도록 화이트 파우더의 특성상 프리에지 부분이 퍼져 보일 수 있다.

⑩ 네일 폼 떼기

아크릴릭 브러시의 손잡이로 두드려 맑은 소리가 나면 건조된 것이므로 네일 폼을 떼어낸다.

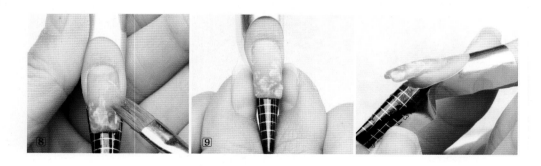

⑪ 표면 파일링 및 손톱 모양 잡기

브러시 대로 두드려 보아 건조된 것을 확인하고 거친 파일(100~150그릿), 중간 파일(180그릿), 부드러운 파일(240그릿)을 차례대로 사용하여 정면과 측면, 프리에지 부분의 두께를 일정하게 맞추고 능선 C 커브가 나오도록 파일하여 네일 표면을 매끄럽게 해주고, 손톱 모양을 잡는다.

12 표면 샌딩하기

샌딩블럭으로 표면을 매끄럽게 샌딩(버핑)한다.

13 3-way 또는 2-way를 이용하여 광택내기

14 큐티클 오일을 바르고 푸셔로 마무리

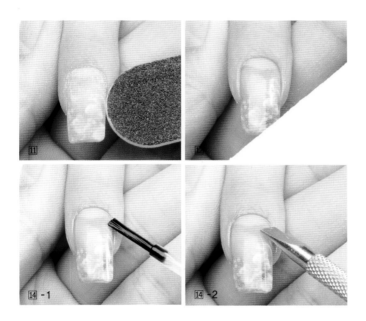

NAIL COSMETOLOGY **04**

NCS기반 네일아트

01. 평면 네일아트

분류 번호 : 1201010408_14v2

능력단위 명칭 : 평면 네일아트

능력단위 정의 : 고객의 미적 요구 충족을 위하여 아름다운 평면 아트 디자인을 평면 액세서리 활용, 폴리시 아트, 핸드 페인팅으로 제작할 수 있는 능력이다.

능 력 단 위 요 소	수 행 준 거
1201010408_14v2.1 평면 액세서리 활용하기	1.1 디자인에 따라 다양한 평면 접착 액세서리를 사용할 수 있다. 1.2 필름을 접착제를 사용하여 원하는 위치에 부착할 수 있다. 1.3 필름을 네일 전체 또는 부분적으로 디자인할 수 있다. 1.4 스티커의 접착력을 이용하여 원하는 위치에 디자인할 수 있다. 1.5 다양한 종류의 스티커를 혼합하여 디자인할 수 있다. 1.6 톱 코트를 사용하여 스티커아트의 지속성을 높여줄 수 있다.
	【지 식】 ◦ 평면 액세서리에 대한 지식 ◦ 필름의 특성에 관한 지식 ◦ 접착제의 특성에 관한 지식 ◦ 스티커 종류에 관한 지식 ◦ 디자인의 구성 요소에 대한 이해 ◦ 색채의 구성 요소에 대한 이해 ◦ 마감제의 사용법에 관한 지식 【기 술】 ◦ 평면 접착 액세서리 종류에 따라 활용할 수 있는 능력 ◦ 필름의 종류에 따라 활용할 수 있는 능력

1201010408_14v2.1 평면 액세서리 활용하기	◦ 접착제의 특성에 따라 활용할 수 있는 능력 ◦ 스티커의 종류에 따라 활용할 수 있는 능력 ◦ 디자인의 구성 요소에 맞추어 적용할 수 있는 능력 ◦ 색채의 구성 요소에 맞추어 적용할 수 있는 능력 ◦ 마감제를 적용할 수 있는 능력 【태 도】 ◦ 고객에게 불편함을 주지 않기 위한 노력 ◦ 고객의 기호에 맞는 디자인을 시행하려는 노력
1201010408_14v2.2 폴리시 아트하기	2.1 폴리시의 화학적 성질을 사용하여 디자인할 수 있다. 2.2 네일 미용 도구를 사용하여 다양한 색상의 폴리시를 혼합하여 　　시행할 수 있다. 2.3 페인팅 브러시를 사용하여 다양한 색상의 폴리시를 조화롭게 　　디자인할 수 있다. 2.4 폴리시 성분이 물과 분리되는 성질을 이용하여 워터마블 기법 　　을 시행할 수 있다. 2.5 톱 코트를 사용하여 폴리시 아트의 지속성을 높일 수 있다.
	【지 식】 ◦ 폴리시의 특성에 관한 지식 ◦ 젤의 특성에 관한 지식 ◦ 디자인의 구성 요소에 대한 이해 ◦ 색채의 구성 요소에 대한 이해 ◦ 마감제의 사용법에 관한 지식 【기 술】 ◦ 폴리시의 특성에 관한 이해 능력 ◦ 젤의 특성에 관한 이해 능력 ◦ 디자인의 구성 요소에 맞추어 적용할 수 있는 능력 ◦ 색채의 구성 요소에 맞추어 적용할 수 있는 능력 ◦ 마감제를 적용할 수 있는 능력 【태 도】 ◦ 고객에게 불편함을 주지 않기 위한 노력 ◦ 고객의 기호에 맞는 디자인을 시행하려는 노력
1201010408_14v2.3 핸드 페인팅 하기	3.1 디자인에 따라 물감을 활용할 수 있다. 3.2 디자인에 따라 브러시를 용도별로 적절하게 사용할 수 있다. 3.3 고객의 취향을 고려하여 핸드 페인팅에 부가적인 아트를 병행 　　하여 시행할 수 있다. 3.4 톱 코트를 사용하여 핸드 페인팅한 디자인의 지속성을 높여줄 　　수 있다.

1201010408_14v2.3 핸드 페인팅 하기	**【지 식】** ◦ 물감의 특성에 관한 지식 ◦ 브러시의 활용 방법에 대한 이해 ◦ 핸드 페인팅 기법의 활용 방법에 대한 이해 ◦ 디자인의 구성 요소에 대한 이해 ◦ 색채의 구성 요소에 대한 이해 ◦ 마감제의 사용법에 관한 지식 **【기 술】** ◦ 물감의 특성을 활용할 수 있는 능력 ◦ 브러시의 활용 능력 ◦ 핸드 페인팅 기법을 활용할 수 있는 능력 ◦ 디자인의 구성 요소에 맞추어 적용할 수 있는 능력 ◦ 색채의 구성 요소에 맞추어 적용할 수 있는 능력 ◦ 마감제를 적용할 수 있는 능력 **【태 도】** ◦ 고객에게 불편함을 주지 않기 위한 노력 ◦ 고객의 기호에 맞는 디자인을 시행하려는 노력

적용 시 고려 사항

- 폴리시는 일반 폴리시, 젤 폴리시를 말한다.
- 화학제품을 사용하므로 환기를 철저히 한다.
- 시술 시 사용하는 전기제품 사용 설명서를 숙지한다.
- 청결한 환경을 유지하도록 한다.
- 시술 후 장비 정리를 철저히 한다.
- 젤 건조 시 광원을 보지 않도록 주의한다.
- 컬러와 디자인이 고객에 어울리는지 고려되어야 한다.
- 핸드 페인팅에 사용하는 브러시의 종류에는 사선 브러시, 환 브러시, 평면 브러시 등이 있다
- 네일 미용 도구로는 툴, 오렌지 우드 스틱, 브러시 등을 활용할 수 있다.
- 평면 액세서리로는 스티커 데칼, 필름, 포토 프로트랜스, 워터데칼, 엠보데칼 등이 있다.
- 평면 아트에는 에어브러시를 활용할 수 있다.

1. 평면 액세서리

1) 데칼 아트

(1) 워터 데칼

원하는 디자인을 가위로 오린 후 물에 떠어 무늬를 종이에서 분리된 필름을 손톱에 붙이는 방법

① 시술에 필요한 재료

폴리시, 스트라이핑 테이프, 오렌지 우드 스틱, 가위, 베이스코트, 톱 코트

② 시술 과정

1 화이트로 프렌치 라인을 그린다.

2 워터 데칼을 물에 담그어 불린다.

3 핀셋 등으로 붙이고 물기를 제거 후 톱 코트를 바른다.

4 완성

> **TIP** 스티커를 물에 담근 후 스티커가 돌돌 말리기 전에 핀셋으로 꺼낸다.

(2) 스티커 데칼

스티커 형태의 디자인으로 떼어서 손톱에 바로 붙이는 방법

① 시술에 필요한 재료

폴리시, 핀셋, 글리터, 오렌지 우드 스틱, 베이스 코트, 톱 코트

② 시술 과정

1 핑크로 풀 코트한 후 레드로 사선 프랜치 를 그린다.

2 데칼(스티커) 붙인다.

3 글리터로 터치한 후 스톤을 붙이고 톱 코 트를 바른다.

4 완성

③ 응용 작품

TIP 베이스 컬러의 재료에 따라서 톱 코트나 톱 젤로 마무리

2) 스트라이핑 테이프

여러 가지 색상의 테이프를 이용하여 선을 표현하는 기법

(1) 시술에 필요한 재료

폴리시, 스트라이핑 테이프, 오렌지 우드 스틱, 가위, 베이스 코트, 톱 코트

(2) 시술 과정

1 라이트 블루로 풀 코트
한 후 딥 스카이로
사선 프렌치를 그린다.

2 반대쪽도 블루로 사선
프렌치를 그린다.

3 선을 따라 스트라이핑
테이프를 붙인다.

4 반대쪽도 선을 따라
스트라이핑 테이프를
붙인다.

5 톱 코트를 바른다.

6 완성

(3) 응용 작품

3) 라인스톤

- 크고 작은 다양한 색상의 인조 보석을 손톱에 붙여주는 방법
- 다양한 네일 디자인과 함께 연출할 수 있는 방법

(1) 시술에 필요한 재료

폴리시, 여러 가지 라인스톤, 오렌지 우드 스틱, 베이스 코트, 톱 코트

(2) 시술 과정

1 딥 핑크로 풀 컬러링을 한다. 2 블랙으로 프렌치 라인을 그린다. 3 포인트 스톤을 붙인다. 4 다양한 크기의 스톤을 붙인다.

5 톱 코트를 바른다. 6 완성

(3) 응용 작품

4) 댕글

프리에지 에 핸드 드릴을 이용하여 구멍을 내고 링을 걸어주는 방법

(1) 시술에 필요한 재료

폴리시, 댕글, 핸드 드릴, 니퍼, 베이스 코트, 톱 코트

(2) 시술 과정

1 블루로 풀 컬러링을
한다.

2 손톱 안쪽에서 드릴로
뚫어준다.

3 니퍼와 핀을 이용하여
구멍에 댕글을 끼워
준다.

4 완성

2. 폴리시 아트

1) 폴리시 마블 아트

직접 손톱 위에 다양한 컬러의 폴리시를 떨어뜨려 마블링 툴로 디자인하는 기법

(1) 시술에 필요한 재료

폴리시, 마블링 툴(핀), 오렌지 우드 스틱, 글리터, 스톤, 베이스 코트, 톱 코트

(2) 시술 과정

1 블랙 폴리시를 바르고 화이트 폴리시를 찍어 놓는다.　2 도트펜으로 원하는 모양을 만든다.　3 스톤과 실버 글리터로 포인트 터치해주고 톱 코트를 바른다.　4 완성

(3) 응용 작품

TIP 원하는 모양을 만들 때 끝이 뾰족한 것 일수록 섬세한 디자인을 만들 수 있다.

2) 워터 마블

물이 담긴 용기에 여러 색상의 폴리시를 떨어뜨린 후 마블링 툴로 모양을 만들어 손톱에 묻혀 내는 방법

(1) 시술에 필요한 재료

폴리시, 마블링 툴, 용기(컵), 오렌지 우드 스틱, 글리터, 스톤, 베이스 코트, 톱 코트, 큐티클 오일, 리무버, 솜

(2) 시술 과정

1 물을 담은 용기에 화이트, 핫핑크 폴리시를 번갈아 한 방울씩 떨어 트려준다.

2 오렌지 우드 스틱으로 선을 그어 무늬를 만든다.

3 베이스 코트를 바른 후 원하는 곳에 찍어 준다.

4 불필요한 것을 면봉으로 걷어낸다.

5 피부에 묻는 것은 리무버로 닦아낸다.

6 실버 글리터로 포인
  트 터치한다.

7 스톤을 붙여준다.

9 톱 코트로 마무리한다.

10 완성

TIP 피부에 오일을 바르거나 네일 폼을 피부 주변에 붙인 후 디자인을 찍어주면
피부 주변의 폴리시를 제거하기 용의하다.

(3) 응용 작품

3) 폴리시 페인팅 아트

다양한 컬러의 폴리시를 페인팅 브러시로 디자인하는 기법

(1) 시술에 필요한 재료

폴리시, 아트펜, 팔레트, 리무버, 도트 펜, 오렌지 우드 스틱, 글리터, 스톤, 베이스
코트, 톱 코트

(2) 시술 과정

1 핑크와 레드 폴리시
를 스펀지에 묻혀 톡
톡 찍어준다.

2 폴리시 형태의 블랙 아
트펜을 이용해서 지브라
선을 그려준다.

3 스톤과 실버 글리터로
포인트 터치하고 톱코
트를 바른다.

4 완성

(3) 응용 작품

3. 젤 아트

다양한 색상의 컬러 젤, 젤 폴리시, 페인팅 젤, 엠보 젤 등을 이용하여 디자인하는 기법으로 젤 마블 아트, 와니 아트, 그러데이션 아트, 젤 페인팅 아트 등의 디자인을 할 수 있다.

1) 시술에 필요한 재료

젤 폴리시, 베이스 젤, 톱 젤, 젤 클리너, 페인팅 브러시, 팔레트, 리무버, 도트 펜, 오렌지 우드 스틱, 램프

2) 젤 마블 아트

(1) 시술 과정

1 누드 젤로 베이스를 바르고 30초 큐어링 한다.

2 레드 젤을 발라준다.

3 화이트 젤로 라인을 그려준다.

4 3번과 같은 화이트 젤로 라인을 한 번 더 그려준다.

5 레드 위에 펄 핑크로 라인을 그려준다.

6 브러시로 왼쪽에서 오른쪽으로 라인을 그리듯이 당겨 무늬를 만들어 1분간 큐어링 한다.

7 톱 젤을 바르고 라인스톤을 붙여 3분간 큐어링 한 후 젤 클리너로 닦아준다.

8 완성

(2) 응용 작품

3) 젤 대리석 마블 아트

(1) 스텝 바이 스텝 (Step By Step)

(2) 응용 작품

젤 마블 아트는 젤이 퍼지기 전에 브러시와 마블 스틱으로 빠르게 라인을 그려
주어야 한다.

1. UV 라이트기에 각 시술 시 30초 정도 큐어링 해준다.
2. 디자인 완성 후(톱 젤 바르기 전) 3분 이상 큐어링 해준다.

4) 젤 와니 아트

(1) 스텝 바이 스텝 (Step By Step)

(2) 응용 작품

5) 젤 그러데이션 아트 응용 작품

6) 젤 페인팅 디자인 아트

(1) 시술 과정

1 베이스를 핫 핑크 젤로 바르고 큐어링 후 화이트 젤로 꽃잎과 잎사귀를 그리고 큐어링 한다.

2 화이트 위에 블루와 핑크 젤로 꽃잎을, 그린 젤로 잎사귀를 그리고 큐어링 한다.

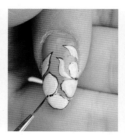

3 테두리 라인을 핑크 꽃은 퍼블, 블루 꽃은 딥 블루, 잎사귀는 그린으로 그려준다.

4 꽃은 퍼플과 블루, 잎사귀는 그린으로 터치하여 섬세하게 명암을 표현한다.

9 꽃과 잎을 재터치하여 더욱 진하게 해준다.

10 라이트 그린으로 수술을 그려준다.

11 톱 젤을 바르고 참을 붙인 후 3분 큐어링하고 젤 크리너로 닦아 준다.

12 완성

(2) 응용 작품

4. 핸드 페인팅

핸드 페인팅(Hand Painting)은 손톱을 깨끗이 정리하고 손톱이라는 좁은 공간에 직접 에나멜이나 아크릴 물감을 이용하여 모양이나 그림을 그려 넣는 방법이다. 여러 가지 다양한 기법으로 창조적인 디자인을 표현할 수 있으며, 네일 페인팅(Nail Painting)이라고도 한다.

시술 재료
폴리시, 베이스 코트, 톱 코트, 아크릴 물감, 브러시, 물통, 팔레트 등 기타 네일아트 재료와 기본 도구

1) 풀 코트 디자인 아트

(1) 시술 과정

1 라이트 핑크 폴리시로 풀 컬러링한다.

2 라인붓이나 세필 00호 붓을 이용하여 브라운 컬러의 아크릴 물감으로 선을 그려준다.

3 도트펜으로 레드, 블루, 옐로, 블루로 도트를 찍어준다.

4 글리터를 바르고 톱 코트로 마무리한다.

(2) 응용 작품

2) 프렌치 디자인 아트

(1) 시술 과정

  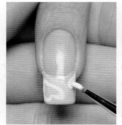 

1 핑크 폴리시로 프렌
  치를 그려준다.

2 라이트블루 아크릴
  물감으로 하트 라인
  을 그려준다.

3 화이트 아크릴 물감
  으로 하트 라인을 그
  려준다.

4 글리터를 바르고 톱
  코트로 마무리한다.

(2) 응용 작품

3) 그러데이션 아트

(1) 시술 과정

1 블랙과 실버 펄 폴리 시를 스펀지에 묻혀 톡톡 찍어준다.

2 화이트 아크릴 물감 으로 눈 모양 결정체 를 그려준다.

3 실버 글리터로 포인 트 터치해 준다.

4 톱 코트로 마무리한다.

(2) 응용 작품

4) 꽃 디자인 아트

(1) 시술 과정

1 레드 컬러를 바른다.

2 라운드 1호로 흰색 꽃잎을 그려준다.

3 계속 연결하여 그려 준다.

4 적당한 간격으로 꽃잎 다섯 개를 그려준다.

5 왼쪽 옆면에도 꽃잎 을 그려준다.

6 세필 붓으로 꽃잎 라 인을 옐로와 레드로 그려준다.

7 꽃 중앙에 스톤을 붙 인다.

8 톱 코트 바르고 마무 리한다.

(2) 응용 작품

5) 케릭터 디자인 아트

(1) 시술 과정

1 핑크 컬러로 베이스를 바른다.

2 얼굴과 목을 그려준다.

3 화이트 컬러로 옷을 그린다.

4 번트시에나 컬러로 머리를 칠한다.

5 블랙 컬러로 눈과 입술 눈썹, 얼굴 라인 윤곽을 그려준다.

6 눈은 화이트로 입술은 레드 컬러로 그려준다.

7 볼은 레드 컬러로 터치하고, 눈동자는 블랙 컬러로 그려준다.

8 눈동자 흰점을 칠하고 머리 라인을 블랙으로 그리고, 헤어밴드를 그려준다.

9 옷에 레드 점을 찍어주고 톱 코트를 바른다.

10 완성

(2) 응용 작품

5. 포크 아트

포크 아트(Folk Art)는 16세기에서 17세기에 걸쳐 유럽의 서민 계층에서 가구나 일상
용품(유리, 도자기, 직물 등)을 아름답게 장식하기 위하여 시작한 것이 18세기 말부터 미
국으로 건너가 전해 내려온 기법이다.

포크 아트는 아크릴 물감으로 소재의 제약 없이 그릴 수 있어 일상생활용품의 모든 것
이 예술 표현의 소재가 되고 자유로운 표현 기법으로 발전하였으며, 미(美)의 장식예술
로서 네일아트(Nail Art)에도 멋지게 포크 아트를 할 수 있다.

1) 브러시 명칭

납작(평)붓 (Flat)	앵글붓 (Angle)	둥근(환)붓 (Round)	필벗붓 (Filbert)	라이너붓 (Liner)	세필붓	도트펜 (Dot)
사이드 로딩 더블 로딩 C 스트로크, S 스트로크, 꽃, 꽃잎	사이드 로딩 더블 로딩, C 스트로크, S 스트로크, 꽃, 꽃잎	둥글면서 끝이 뾰족, 세부 묘사, 콤마 스트록, 데이지	납작하며 끝이 둥근붓, 콤마 스트록, 데이지	라인 그리는 것, 가는 선, 곡선	0호, 1호 글씨, 선, 잎맥 표현	도트 찍기

2) 포크아트 기법

라이너붓, 세필붓					도트펜 둥근붓
라인 그리기					점찍기

납작붓(평붓)		납작붓, 앵글붓	납작붓, 둥근붓, 필벗붓, 앵글붓	납작붓	둥근붓 필벗붓
사이드 로딩	더블 로딩	C 스트로크	S 스트로크	반원 스트로크	콤마스 트로크

> **T I P** 포크아트의 기본기법을 꽃과 잎의 모양에 따라 브러시 힘을 조절하여
> 크기와 모양을 디자인 할 수 있다.

3) 시술에 필요한 재료

폴리시, 베이스 코트, 톱 코트, 아크릴 물감, 브러시, 물통, 팔레트, 페이퍼 타월, 기타
아트 재료, 기본 도구 등

4) 스텝 바이 스텝 (Step By Step)

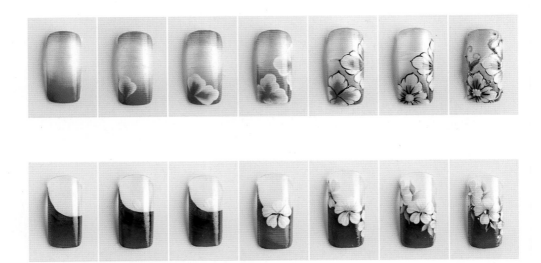

5) 응용 작품

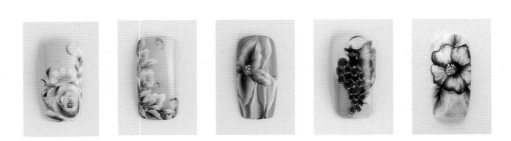

6. 에어브러시

에어브러시는 압축 공기를 만들어 분사하는 컴프레서(compressor)와 건(gun)으로 물감을 뿜어낼 수 있게 구성되며, 스프레이 타입으로 분사시켜 원하는 아트를 하는 것으로 스텐실을 이용하는 테크닉은 붓으로 그린 것보다 좀 더 섬세하고 정교함을 느낄 수 있다.

에어브러시에는 바늘 캡이 장착되어 공기 분사 시 페인트의 진행 속도가 늦어지거나 바늘이 기능을 충분히 발휘하지 못하는 문제를 극소화시킨다.

에어브러시의 사용은 조절 레버를 누르면 에어가 뿜어져 나오고 레버를 당기면 물감이 나온다. 조절 레버는 물감이 뿜어 나오는 힘과 면적을 조정하는 역할을 하는데, 많은 연습으로 조절 레버를 잘 다룰 수 있어야 좋은 작품을 만들 수 있다.

다른 색상으로 바꿀 때마다 에어브러시 건을 청소해서 사용하며, 좋은 아트를 하기 위해서 색상은 엷은 색에서부터 짙은 색으로 사용하는 것이 요령이다. 물감 사용 후 보관할 때는 반드시 에어브러시 건을 깨끗이 청소해서 보관하도록 한다.

에어브러시로 네일아트를 하면 컬러 그러데이션의 부드러운 느낌을 줄 수 있는 손톱 예술이며, 스텐실은 본인이 창의적이게 만들어 사용할 수 있다.

1) 시술에 필요한 재료

에어컴프레서, 건, 물감, 스텐실, 리무버, 물통, 붓, 오렌지 우드 스틱, 톱 코트 등

2) 스텝 바이 스텝 (Step By Step)

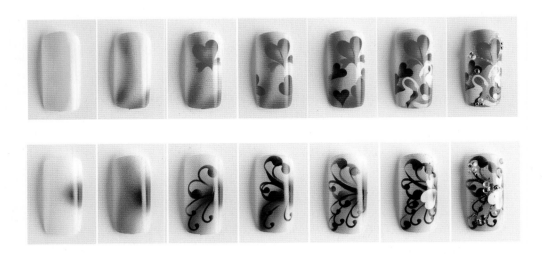

4) 응용 작품

02. 입체 네일아트

분류 번호 : 1201010409_14v2

능력단위 명칭 : 융합 네일아트

능력단위 정의 : 고객의 미적 요구 충족을 위하여 아름다운 네일아트 디자인을 입체 액세서리 활용, 2D 아트, 3D 아트, 융합 아트로 제작할 수 있는 능력이다.

능 력 단 위 요 소	수 행 준 거
1201010409_14v2.1 입체 액세서리 활용하기	1.1 네일 액세서리 크기에 따라 적절한 부착 강도를 선택할 수 있다. 1.2 시술된 네일 액세서리가 불편함을 주지 않도록 마무리할 수 있다. 1.3 네일 액세서리의 지속력을 위해 마감제를 선택하여 사용할 수 있다. 1.4 사용한 접착제가 외관상 보이지 않도록 정리할 수 있다.
	【지 식】 ◦ 네일 액세서리의 종류에 관한 지식 ◦ 네일 액세서리의 종류별 부착 방법에 대한 이해 ◦ 접착제의 사용법에 관한 지식 ◦ 마감제의 사용법에 관한 지식 【기 술】 ◦ 네일 액세서리의 종류에 따라 활용할 수 있는 능력 ◦ 네일 액세서리의 종류별 부착 능력 ◦ 접착제의 종류별 사용 능력 ◦ 마감제를 적용할 수 있는 능력

1201010409_14v2.1 입체 액세서리 활용하기	【태 도】 ◦ 고객에게 불편함을 주지 않기 위한 노력 ◦ 고객의 기호에 맞는 디자인을 시행하려는 노력
1201010409_14v2.2 2D 아트	2.1 다양한 네일 제품을 활용하여 네일에 직접 모양을 만들 수 있다. 2.2 2D 모형을 별도로 만들어 네일에 안정되게 고정시킬 수 있다. 2.3 시술 매뉴얼에 따라 아크릴릭의 특성을 활용할 수 있다. 2.4 시술 매뉴얼에 따라 젤의 특성을 활용할 수 있다. 2.5 톱 코트를 사용하여 아트의 지속성을 높일 수 있다. 2.6 사용한 접착제가 외관상 보이지 않도록 정리할 수 있다.
	【지 식】 ◦ 시술 매뉴얼에 대한 이해 ◦ 아크릴릭 제품의 특성에 관한 지식 ◦ 젤 제품의 특성에 관한 지식 ◦ 네일 미용 제품의 종류에 관한 지식 ◦ 디자인의 구성 요소에 대한 이해 ◦ 색채의 구성 요소에 대한 이해 ◦ 마감제의 사용법에 관한 지식 【기 술】 ◦ 아크릴릭의 제품의 특성을 활용할 수 있는 능력 ◦ 젤 제품의 특성을 활용할 수 있는 능력 ◦ 네일 미용 제품의 종류를 활용할 수 있는 능력 ◦ 디자인의 구성 요소에 맞추어 적용할 수 있는 능력 ◦ 색채의 구성 요소에 맞추어 적용할 수 있는 능력 ◦ 마감제를 적용할 수 있는 능력 【태 도】 ◦ 고객에게 불편함을 주지 않기 위한 노력 ◦ 고객의 기호에 맞는 디자인을 시행하려는 노력
1201010409_14v2.3 3D 아트	3.1 3D 모형을 별도로 만들어 네일에 안정되게 고정시킬 수 있다. 3.2 네일 미용 제품을 혼합하여 창조적 디자인을 만들 수 있다. 3.3 모형의 크기에 따라 적절한 부착 강도를 선택할 수 있다. 3.4 모형 제작을 위해 적합한 재료를 선택하여 만들 수 있다. 3.5 사용한 접착제가 외관상 보이지 않도록 정리할 수 있다.
	【지 식】 ◦ 아크릴릭 제품의 특성에 관한 지식 ◦ 젤 제품의 특성에 관한 지식 ◦ 네일 미용 제품의 활용법에 관한 지식

1201010409_14v2.3 3D 아트	◦ 디자인의 구성 요소에 대한 이해 ◦ 색채의 구성 요소에 대한 이해 ◦ 모형의 제작 순서에 대한 이해 ◦ 접착제의 사용법에 관한 지식 【기 술】◦ 아크릴릭 제품의 특성을 활용할 수 있는 능력 ◦ 젤 제품의 특성을 활용할 수 있는 능력 ◦ 네일 미용 제품의 활용 능력 ◦ 디자인의 구성 요소에 맞추어 활용할 수 있는 능력 ◦ 색채의 구성 요소에 맞추어 활용할 수 있는 능력 ◦ 모형을 순서에 따라 만들 수 있는 능력 ◦ 접착제의 종류별 사용 능력 【태 도】◦ 고객에게 불편함을 주지 않기 위한 노력 ◦ 고객의 기호에 맞는 디자인을 시행하려는 노력
1201010409_14v2.4 융합 아트	4.1 다양한 네일 제품을 활용하여 네일에 직접 모양을 만들 수 있다. 4.2 평면 아트, 디자인 스캅춰, 2D 아트, 3D 아트를 융합하여 디자인할 　　수 있다. 4.3 시술 매뉴얼에 따라 순서에 맞추어 미용 재료를 활용할 수 있다. 4.4 톱 코트를 사용하여 아트의 지속성을 높일 수 있다. 4.5 사용한 접착제가 외관상 보이지 않도록 정리할 수 있다.
	【지 식】◦ 시술 매뉴얼에 대한 이해 ◦ 네일 미용 재료의 융합 디자인에 대한 지식 ◦ 네일 미용 제품의 종류에 관한 지식 ◦ 디자인의 구성 요소에 대한 이해 ◦ 색채의 구성 요소에 대한 이해 ◦ 마감제의 사용법에 관한 지식 【기 술】◦ 네일 미용 재료 종류에 따라 융합적으로 활용할 수 　　있는 능력 ◦ 디자인의 구성 요소에 맞추어 적용할 수 있는 능력 ◦ 색채의 구성 요소에 맞추어 적용할 수 있는 능력 ◦ 마감제를 적용할 수 있는 능력 【태 도】◦ 고객에게 불편함을 주지 않기 위한 노력 ◦ 고객의 기호에 맞는 디자인을 시행하려는 노력

적용 시 고려 사항

- 2D 아트는 젤이나 아크릴릭 등의 미용 재료를 이용한 엠보 아트를 말한다.
- 3D 아트는 젤이나 아크릴릭 등의 미용 재료를 이용하여 모형을 만들어 손톱 위에 붙이는 입체 아트를 말한다.
- 융합 네일아트는 입체 액세서리 활용, 평면 아트, 디자인 스캅춰, 2D, 3D 아트를 융합적으로 디자인한 아트를 말한다.
- 화학제품을 사용하므로 환기를 철저히 한다.
- 시술시 사용하는 전기제품 사용설명서를 숙지한다.
- 청결한 환경을 유지하도록 한다.
- 시술 후 장비 정리를 철저히 한다.
- 젤 건조 시 광원을 보지 않도록 주의한다.
- 컬러와 디자인이 고객에 어울리는지 고려되어야 한다.
- 올바른 기기 사용법이 고려되어야 한다.
- 디자인이 생활에 불편이 없는지 고려되어야 한다

1. 입체 액세서리 활용하기

1) 시술에 필요한 재료

젤 폴리시, 글루, 젤 글루, 베이스 젤, 톱 젤

2) 시술 과정

1 버건디 젤 폴리시로 딥 프렌치를 그려준다.

2 액세서리 뒷면에 접착제를 바른다.

3 핀셋으로 입체 액세서리를 붙여준다..

4 완성(톱 젤 마무리)

3) 응용 작품

2. 2D 아트

1) 2D 아크릴릭 아트

(1) 시술에 필요한 재료

아크릴릭 파우더(화이트, 클리어, 컬러, 펄), 리퀴드, 프라이머, 프리 프라이머, 브러시, 브러시 크리너, 디펜디시(리퀴드 용기), 네일 폼, 파일, 샌딩블럭, 라운드 패드, 건식 매니큐어 재료 포함

(2) 시술 과정

1 프리에지 부분에 바이올렛 펄 파우더로 베이스를 만든다.

2 프리에지 끝을 딥바이올렛 펄 파우더 베이스를 만든다.

3 큐티클 부분에까지 핑크 펄 파우더로 베이스를 만든다.

4 블랙 컬러 파우더로 포인트 라인을 그려준다.

5 프리에지 에 클리어 파우더를 올려준다.

6 큐티클 라인까지 클리어 파우더를 올려준다.

7 완전히 굳기 전에 핀칭을 준다.

8 폼을 제거한다.

9 표면 정리와 손톱 모
양을 만들어준다.

10 표면 정리 후 버핑
한다.

11 라이트 핑크와 딥
핑크 컬러 파우더로
꽃잎을 만든다.

12 베이스에 돌아
가며 꽃잎을 만든다.

13 꽃잎 사이사이에
겹쳐지도록 꽃잎들
을 만든다.

14 말려 있는 꽃잎을
만든다.

15 화이트 파우더로 포
인트 라인을, 라이트
그린과 딥 그린 파우
더로 나뭇잎을 만든
다.

16 톱 코트 바르고 완성
한다.

(3) 응용 작품

2) 2D 젤 아트

(1) 시술에 필요한 재료

라이트 큐어드 젤(클리어, 컬러, 엠보, 펄), 큐어링 라이트기(UV 램프), 젤 브러시, 네일 폼, 젤 본더(프라이머), 젤 크리너, 브러시 크리너, 톱 젤, 베이스 젤, 젤 와이퍼, 파일, 샌딩블럭, 라운드 패드, 오렌지 우드 스틱, 푸셔

(2) 스텝 바이 스텝 (Step By Step)

(3) 응용 작품

3. 3D 아트

1) 리본 3D 아트

(1) 시술에 필요한 재료

아크릴릭 파우더(화이트, 클리어, 컬러, 펄), 리퀴드, 브러시, 브러시 크리너, 디펜 디시(리퀴드 용기), 호일, 와이어, 스톤, 핀셋

(2) 시술 과정

1 화이트 파우더로 리본 을 만들기 위해 직사 각형을 만들어준다.

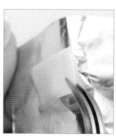

2 굳기 전에 떼어낸다.

3 굳기 전에 핀셋으로 중앙을 잡아 리본 형 태를 잡아준다.

4 손톱에 부착한 후 스 톤을 리본 가운데에 붙여준다.

2) 장미 3D 아트

(1) 시술에 필요한 재료

아크릴릭 파우더(화이트, 클리어, 컬러, 펄), 리퀴드, 브러시, 브러시 크리너, 디펜 디시(리퀴드 용기), 호일, 와이어, 스톤, 핀셋

(2) 시술 과정

1 라이트 핑크와 딥 핑크 파우더로 둥글게 꽃잎을 만든다.

2 화이트와 그린 파우더로 나뭇잎을 만든다.

3 굳기 전에 핀셋으로 떼어낸다.

4 굳기 전에 핀셋으로 말아서 꽃봉오리를 만든다.

5 굳기 전에 핀셋으로 꽃잎 형태를 만들면서 꽃봉우리에 붙여준다.

6 꽃잎이 엇갈리게 포개어 붙여서 꽃을 만들어준다.

7 손톱에 완성된 장미꽃을 붙여준다.

8 꽃과 꽃 사이의 공간에 나뭇잎을 붙여준다.

4. 융합 네일아트

믹스 미디어(Mix Media)는 네일아트를 할 때 사용되는 모든 재료인 아크릴 파우더, 아크릴 물감, 라이트 큐어드 젤, 팁, 스톤 등의 다양한 재료와 포크 아트 기법, 핸드 페인팅 기법, 3D 아트, 엠보 아트, 스톤 아트 등의 다양한 기법을 믹스하여 작품을 만드는 것이다. 다양한 표현과 크기를 할 수 있으나, 큰 작품을 만들 때는 많은 시간이 소요될 수 있다. 대회 작품들은 주제를 선정하여 그 주제에 맞게 창작적으로 표현하며 예술성 기법에 따라 작품성이 나타난다.

1) 시술에 필요한 재료

라이트 큐어드 젤(클리어, 컬러, 엠보, 펄), 큐어링 라이트기(UV 램프), 젤 브러시, 젤 크리너 아크릴릭 파우더(화이트, 클리어, 컬러, 펄), 아크릴릭 리퀴드 브러시, 브러시 크리너, 디펜디시 아크릴 물감, 팔레트, 물통, 페인팅 브러시, 톱 젤, 탑 코트, 호일, 와이어, 스톤, 핀셋, 도트펜 파일, 샌딩블럭, 라운드 패드, 오렌지 우드 스틱 등

2) 시술 과정

1 아이보리 베이스에 블루로 그러데이션한다.

2 화이트 아크릴릭 파우더로 지붕 모양을 만든다.

3 포크 아트 기법으로 레드와 옐로 아크릴 물감을 바른다.

4 집체 라인을 그려준다.

5 화이트를 굴뚝에 베이스로 바르고 딥 브라운으로 굴뚝 테두리를 그려준다.

6 딥 옐로로 문을 바르고 브라운으로 문 테두리를 그려준다.

7 문고리를 만들어 준다.

8 화이트, 옐로, 딥 그린 파우더로 나무를 만들어 준다.

9 화이트 아크릴릭 볼
로 꽃을 만들고 그린
아크릴릭 볼로 잎사
귀를 만든다.

10 레드 아크릴릭 볼로
열매를 만든다.

11 톱 코트로 마무리한다.

12 완성

TIP 팁의 광택을 샌딩해 주어야 베이스 물감을 고르게 바를 수 있다.

◆ 날개 만들기 ◆

  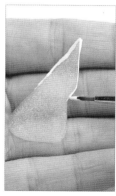 

1 클리어 아크릴릭 파우더
로 호일에 날개 모양을
만든다.

2 굳으면 호일에서 떼어낸
다.

3 물감으로 날개 무늬를
그려준다.

4 미리 만들어진 작품에
날개를 붙여준다.

◆ 나비 만들기 ◆

1 호일에 화이트 아크
릴릭 파우더로 나비
모양을 만든다.

2 굳으면 호일에서 떼어낸
다.

3 핑크 아크릴 물감을
바른다.

4 블랙 아크릴 물감으로
나비의 가장자리를 그
려준다.

5 날개의 무늬를 밖에
서 안쪽으로 터치하
여 날개 무늬를 만들
어 준다.

6 가운데 부분에 스톤을
붙인다.

7 톱 코트로 마무리한다.

8 완성

T I P 　호일에 밑그림을 도트펜으로 먼저 그린 후 작업하면 편리하다.

NAIL COSMETOLOGY **05**

NCS기반
네일 미용 경영

Nail

01. 네일숍 운영 관리

분류 번호 : 1201010410_14v2

능력단위 명칭 : 네일숍 운영 관리

능력단위 정의 : 네일숍의 효율적인 운영을 위하여 직원, 고객, 제품, 재무, 홍보를 관리하는 능력이다.

능 력 단 위 요 소	수 행 준 거
1201010410_14v2.1 직원 관리하기	1.1 숍에서 원하는 조건에 따라 직원을 채용할 수 있다. 1.2 직원들 간의 업무를 능력에 따라 조정할 수 있다. 1.3 직원들이 자신의 업무에 대해 열정과 자부심을 가지고 일할 수 있도록 적절한 보상과 격려를 통해 동기를 부여할 수 있다. 1.4 직원들에게 원활한 업무 수행에 필요한 지식과 기술을 교육할 수 있다.
	【지 식】 ◦ 직원의 개별적인 업무 능력에 대한 이해 ◦ 직원의 보상에 관한 이해 ◦ 새로운 기술에 관련한 지식 【기 술】 ◦ 직원의 업무 수행 파악 능력 ◦ 적절한 업무 배정 능력 ◦ 새로운 기술을 교육할 수 있는 능력 【태 도】 ◦ 공정한 업무 수행 평가 를 하려는 자세 ◦ 직원들과의 소통을 위해 노력하는 자세

1201010410_14v2.2 고객 관리하기	2.1 방문한 고객을 친절하게 응대할 수 있다. 2.2 고객 응대 매뉴얼을 토대로 교육할 수 있다. 2.3 고객관리대장을 정확하게 작성할 수 있다. 2.4 예약대장을 활용하여 예약을 효율적으로 관리할 수 있다.
	【지 식】 ◦ 고객 응대 매뉴얼의 대한 이해 ◦ 고객관리대장에 대한 이해 ◦ 예약관리대장에 대한 이해 【기 술】 ◦ 고객 응대 매뉴얼을 적용할 수 있는 능력 ◦ 고객관리대장을 작성할 수 있는 능력 ◦ 예약관리대장을 활용할 수 있는 능력 【태 도】 ◦ 고객에게 친절한 언행과 예의 바른 태도 ◦ 고객 서비스에 최선을 다하는 자세
1201010410_14v2.3 제품 관리하기	3.1 제품의 위치를 고객의 눈높이에 맞추어 진열할 수 있다. 3.2 제품의 재고를 정확하게 파악하여 보관할 수 있다. 3.3 제품의 재고를 파악하고 주문할 수 있다.
	【지 식】 ◦ 제품 진열법 ◦ 재고 조사의 필요성 ◦ 제품의 매입 시기에 대한 이해 【기 술】 ◦ 제품의 진열 방법 능력 ◦ 재고 조사를 파악할 수 있는 능력 ◦ 제품의 매입 시기를 적절하게 파악할 수 있는 능력 【태 도】 ◦ 재고 조사의 중요성을 인지하는 자세 ◦ 제품을 아끼고 깨끗하게 보관하는 자세

1201010410_14v2.4
재무 관리하기
	4.1 숍의 수입을 수입 · 지출 관리대장을 활용하여 효율적으로 관리
	  할 수 있다.
	4.2 숍의 지출을 수입 · 지출 관리대장을 활용하여 계획적으로 관리
	  할 수 있다.
	4.3 직원의 인센티브를 정확하게 산출할 수 있다.
	4.4 서비스의 원가 산출을 통해서 숍의 손익분기점을 계산할 수 있다.

1201010410_14v2.4 재무 관리하기	【지 식】	◦ 수입·지출 관리대장에 대한 이해 ◦ 인센티브 이론 ◦ 손익분기점 이론
	【기 술】	◦ 수입·지출 관리대장을 활용할 수 있는 능력 ◦ 인센티브를 산출할 수 있는 능력 ◦ 손익분기점을 활용할 수 있는 능력
	【태 도】	◦ 소모품, 비품을 절약하는 자세 ◦ 수입·지출 관리대장을 꼼꼼하게 관리하는 자세
1201010410_14v2.5 홍보하기		5.1 SNS를 활용하여 네일 트랜드를 분석하고 활용할 수 있다. 5.2 매장 내·외의 디스플레이를 정비하여 고객의 관심을 유도할 수 있다. 5.3 새로운 서비스 매뉴얼을 개발하여 DM을 발송할 수 있다. 5.4 기존의 고객에게 유선전화를 이용하여 이벤트 등을 안내할 수 있다.
	【지 식】	◦ SNS 활용 방법 ◦ 디스플레이에 대한 이해 ◦ DM 제작에 방법 ◦ 텔레마케팅 이론
	【기 술】	◦ SNS 활용할 수 있는 능력 ◦ 디스플레이를 할 수 있는 능력 ◦ DM 제작 능력 ◦ 텔레마케팅을 활용할 수 있는 능력
	【태 도】	◦ 소비자의 요구를 분석하려는 적극적인 자세 ◦ 숍의 수익 창출을 위해 노력하는 자세

적용 시 고려 사항
• 시술실과 상담실은 분리되어 조용한 분위기에서 상담이 진행되어야 한다. • 실내는 청결하고 통풍이 잘되어야 한다. • 조명은 직접 조명이 좋으며 환하고 밝아야 한다. • 고객 서비스 지침서가 활용되어야 한다. • 손익분기점이란 일정한 기간 동안 창출한 매출액과 그에 대응하는 모든 지출비용 합계액이 일치하는 시점을 의미한다. • DM(Direct Mail)란 업체에서 고객 유치와 고객관리를 위해 내용물을 첨부하여 우편물로 발송하는 것을 말한다. • SNS(Social Network Service)란 특정한 관심이나 활동을 공유하는 사람들 사이에 관계망을 구축해 주는 온라인 서비스를 말한다.

1. 직원 관리

1) 직원 채용

- 직원 : 일정한 직장에 근무하는 사람을 통틀어 이르는 말
- 채용 : 사전적 의미는 '사람을 골라서 씀'이고, 기업에서의 의미는 기업을 인적자원 계획에 기초하여 사업 목표를 달성하기 위해 필요한 인력을 규명하고 이에 적합한 인력을 물색하는 일련의 활동을 말한다.

(1) 채용 과정

① 인력 계획 수립 : 내부적 자원 분석, 추가 요인 인력 분석, 채용 규모 분석(퇴사 및 보충)
② 채용 계획 수립 : 채용 대상자 구분, 채용 방법 결정(근무 조건, 업무 내용, 급여 수준, 복리 규정 등 공고)
③ 모집 및 접수 : 지원서 접수(이력서, 자기소개서 등)
④ 선발 전형 : 서류전형, 면접 전형, 직무 수행 능력
⑤ 확정 : 교육 과정, 부서 배치
⑥ 입사

(2) 면접

면접(Interview)은 선발 시험과 더불어 가장 널리 사용되는 선발 절차이다. 면접이 극히 주관적인 판단에 의존한다는 약점에도 종업원에 평가하는 방법으로 가장 공통되는 기법이기도 하다.

① 한 사람의 인간이 환경에 대해 어떻게 보고 행동하는가의 특성을 체계적 · 종합적으로 평가하는 것이 평가 시 기준(창의성 · 사교적 · 끈기 · 의욕 · 성실성)에 대한 특성을 미리 검토하고 준비된 채용 기준과 맞추어 판정하면 좋을 것이다.
② 사고를 이해하고 평가한다. 사고란, 한 인간 사회생활의 규범이 되는 것이다. 피

면접자의 업무 실행에 행동 경향을 예측할 수 있다.

③ 성격이나 태도가 예정된 업무나 조직에 어느 정도 맞고 있는가를 판정한다. 면접자의 성격이나 태도는 조직 사회에서의 조화를 위해 가장 중요한 기본 평가이자 인상을 판단하는 기준이기도 하다. 면접 시 가장 일반적인 공통분모로 작용하는 판단 기준이기도 하다.

④ 상식·전문지식을 평가한다. 국내 외 경제 변화, 정치·사회 변화 등에 상식과 전문지식을 평가하는 것이다.

⑤ 면접자와 피면접자의 정보 교환을 한다. 이것은 피면접자의 기업에 대한 정보 등을 전하는 것이며, 또한 기업 측의 의도, 즉 채용 기준과 바라고 싶은 일 등 면접자의 지원 동기 의욕 등을 서로 교환한다.

⑥ 인물의 종합적인 평가를 한다. 이것은 한 인간이 업무 환경에 대해 어떻게 보고, 생각하며, 행동할 것인가의 특성을 체계적으로 결론짓는 것이다.

(3) 바람직한 면접 질문

① 우리 네일숍(회사)에 지원하게 된 동기는?

② 귀하께서 생각하는 자신의 장점은 무엇인지?

③ 입사 후 우리 네일숍(회사)에 어떤 기여를 할 수 있는지?

④ 지금까지 어려운 문제에 봉착했던 일이 있었다면 어떻게 극복했는지?

⑤ 자신에게 손해가 되는 일을 알면서도 남을 도와준 경험이 있는지?

⑥ 귀하의 경력 목표를 성취하기 위해 구체적으로 무엇을 하고 있는지?

⑦ 귀하가 만약 로또 복권에 당첨된다면 무엇을 할 것인지?

⑧ 5년 후 또는 10년 후 자신의 모습은?

⑨ 귀하가 생각하는 성공의 개념은?

⑩ 일을 열심히 했는데 기대한 만큼 평가를 받지 못한다면 어떻게 할 것인가?

⑪ 우리가 귀하를 채용해야 할 이유는?

2) 직원들의 업무 능력

(1) 직업 기초 능력

순번	직 업 기 초 능 력	
	주요영역	하위영역
1	의사소통 능력	문서 이해 능력, 문서 작성 능력, 경청 능력, 의사 표현 능력, 기초 외국어 능력
2	문제해결 능력	사고력, 문제처리 능력
3	자기개발 능력	자기관리 능력
4	자원관리 능력	시간자원관리 능력, 예산자원관리 능력, 물적자원관리 능력, 인적자원관리 능력
5	대인관리 능력	팀워 능력, 리더십 능력, 갈등관리능력, 협상 능력, 고객서비스 능력
6	정보 능력	컴퓨터 활용 능력, 정보처리 능력
7	기술 능력	기술 이해 능력, 기술 선택 능력
8	조직 이해 능력	업무 이해 능력
9	직업윤리	근로 윤리

(2) 직무 수행 능력

순번	직 무 수 행 능 력	
	주요능력	하위능력
1	네일숍 위생 서비스	숍 청결 작업하기, 미용 기구 소독하기, 고객 상담하기, 손·발 소독하기
2	네일 화장물 제거	파일 사용하기, 용매제 사용하기, 제거 마무리하기
3	네일 기본 관리	프리에지 형태 만들기, 큐티클 정리하기, 컬러링, 보습제 도포하기, 마무리하기
4	네일 팁	네일 전 처리하기, 네일 팁 접착하기, 네일 팁 표면 정리하기, 오버레이하기, 마무리하기

5	네일 랩	네일 전 처리하기, 네일 랩 접착하기, 네일 연장하기, 마무리하기
6	젤 네일	네일 전 처리하기, 네일 폼 적용하기, 젤 적용하기, 마무리하기
7	아크릴 네일	네일 전 처리하기, 네일 폼 적용하기, 아크릴 적용하기, 마무리하기
8	평면 네일아트	평면 액세서리 활용하기, 네일 폴리시 아트하기, 핸드 페인팅하기
9	융합 네일아트	입체 액세서리 활용하기, 2D 아트, 3D 아트, 융합 아트
10	네일숍 운영관리	직원 관리하기, 고객 관리하기, 제품 관리하기, 재무 관리하기, 홍보하기

(3) 경력에 맞는 직급

순번	직급	경력	업무내용
1	스텝	1~6개월 미만	교육 기관에서 학습을 마친 후 현장의 기술을 배운다. 매장 안의 정리 · 정돈 관리를 책임지며, 가장 기본적인 업무를 배우고 적응한다.
2	중급 디자이너	1~3년	어느 정도 기술이 늘어가고 있는 단계로 기본 관리 등을 능숙하게 수행한다.
3	상급 디자이너	3~5년	스텝들을 관리 보호 책임과 고객에게 충분한 서비스를 제공하며, 네일 기술자로 네일 팁, 네일 랩, 젤 네일, 아크릴릭 네일 등을 수행한다.
4	매니저	5년 이상	감독 책임을 갖고 매장 관리 업무를 수행하며 모든 네일 시술을 능숙하게 수행한다.
5	원장	•	경영자로서 채용 · 고객 · 직원 · 매출 · 기술교육 · 정보수집 · 문제해결 관리하여 목표를 달성하고 이익을 창출한다.

3) 직원 성과 보상

직원이 조직에 기여한 근로의 대가를 금전적, 비금전적 보상으로 제공받는 것을 말한다. 근로의 대가는 금전적인 것(임금), 비금전적인(직무 환경 개선 등) 보상을 모두 포함한다.

조직의 성과 보상을 통해 직원을 외부로부터 유인하고, 자신의 맡은 업무를 충실히 수행하기 위한 동기 부여와 조직 향상을 촉진시키는 효과적인 성과 보상 설계와 운영에 대한 보상은 매우 중요하다.

성과 보상 제도는 시스템 공정성이 선행되지 않고서는 보상 절차와 분대의 공정성이 이루어질 수 없다. 임금 구조의 합리성과 종업원의 능력 개발을 성과 보상의 공정성을 확립하려고 다음과 같이 제시하였다

첫째, 목표를 일치시켜라. 경영자와 종업원들이 기업의 이익을 위해 목표를 일치시키는 것이 중요하다.

둘째, 향상된 만큼 보상하라. 성과 보상은 절대적인 순수 기업 이익의 양에 의해서가 아니라 순수 기업 이익의 증가분에 따라 지급되어야 한다.

셋째, 한 가지 성과 지표로 통일하라. 가능한 한 여러 측정 지표가 아닌 전체 사업성과를 나타낼 수 있는 하나의 지표로 이루어지는 것이 바람직하다.

넷째, 상한선을 두지 마라. 보상의 한도를 정하면 성과도 제한되므로 상한선을 두지 않는다.

다섯째, 장기적인 관점을 유지하라. 순수 기업 이익이 효과적인 성과 보상 지표가 분명하지만 일정 기간 동안 획득된 순수 기업 이익이 미래에도 계속 유지 향상 되려면 주의가 필요하다.

여섯째, 성과 보상 간에 인과 관계를 명확히 하라. 종업원들이 자신이 어떻게 평가받는가에 대해 객관적으로 신뢰할 수 있는 평가 방법을 제시하여야 한다.

(1) 임금 관리와 성과금

① 임금

업무 수행의 대가로 경영자가 직원에게 돈이나 물품을 지급하는 것으로 임금의 기준은 생계비 수준, 기업의 지급 능력, 사회 일반의 임금 수준을 고려하여 정한다. 경력과 업무 수행 능력을 평가하여 직급별로 다른 급여 체계를 따른다.

② 성과급(인센티브)

성과급은 개인 성과급(실적급, 인센티브)과 집단 성과급(직급 성과급제)으로 나눌 수 있는데, 성과나 능력에 따라 지급하는 보상 또는 수당으로 매월 발생되는 순수 기업 수익에 따라 매월 다르게 지급된다.

③ 상여금

임금과 성과급 외에 지급되는 것으로 업무 수행의 대가는 아니며 지급 시기, 지급 규모, 지급 자격 등 의해 지급된다.

④ 4대 보험

직장에 입사 후 의무적으로 가입하여야 하는 것으로 국민연금, 건강보험, 고용보험, 산재보험이 있다.

⑤ 퇴직금

계속적으로 업무 수행을 이행하지 못할 사유로 퇴직을 할 경우 총괄 관리자는 퇴직자에게 금전을 지급한다. 퇴직 금액은 직원의 근로연수 1년에 대해서 30일 이상의 평균 임금을 지급한다.

⑥ 복리 후생

직원과 직원 가족의 생활 질적 향상을 위해 임금 이외에 추가로 지급되는 금전적, 물질적 보상을 말한다. 명절, 휴가, 문화 생활비, 하계 지원금, 식사비, 교통비, 경조사, 생일, 출산, 가족 사망, 결혼 등이 속한다.

4) 직원 지식과 기술 교육의 필요성

(1) 조직 수준의 필요성

미용 기업 내 직원 교육의 중요한 점은, 교육의 필요성을 발견하고 알맞은 교육 대상에 담당 직무에 대한 본연의 자세를 규정하고, 담당 직무의 필요한 지식, 기능, 태도를 몸에 지니고 있는가를 판정하여 불충분한 점, 즉 육성해야 할 부분에 대해 구체적인 방법을 연구하여 효과적으로 적용시키는 데 있다. 특히 기능자 양성과 같이 장기적, 계획적, 조직적인 교육이 필요한 경우에는 교육 목표, 수준, 시간 수, 내용, 제목을 순서별로 상세하게 커리큘럼을 짜서 계획에 의한 원활한 실시가 이루어지도록 해야 한다.

(2) 직무 수준의 필요성

미용 기업에서 교육 훈련의 필요성(training needs)은 직무와 관련시켜 고찰하는 것이 중요하다. 현재의 조직 구성원이 보유하고 있는 직무 기능을 전제로 하여 훈련 및 개발 계획이 시행되어야 한다는 것이며, 현재뿐만 아니라 미래의 기능을 위한 것이 될 수도 있다. 그리고 직무 기능을 전제로 하여 훈련 및 개발이 이루어지려면 그 직무가 요구하는 직무 요건이 밝혀져야 한다.

(3) 개인 수준의 필요성

개인 수준의 필요성은 개인 단위로 훈련 및 개발의 결과를 분석, 평가함으로써 파악할 수 있다. 조직 구성원들의 개인별 훈련 및 개발의 성과를 관찰하고 태도 조사 혹은 성과의 객관적 기록 등을 통해 평가하여 새로운 훈련 및 개발의 목표를 설정할 수 있다. 훈련 및 개발에 대한 개인적 욕구를 고려할 때 경영자는 개인차(individual difference)가 개별적인 욕구에서뿐만 아니라, 훈련 및 개발 프로그램에 대한 반응에도 영향을 끼치므로 반드시 고려해야 한다.

〈직무에서 교육의 필요성을 찾아내는 과정〉

직능	직장 내 직무교육	직무 수행의 과정	직무 수행에 중요한 지식, 능력, 태도	교육 현상의 필요한 훈련
직원들의 일반 교육	예절 교육 : 서비스와 예절을 직원에게 지식 훈련	미용 기업 내 전반적인 규칙에 대한 교육의 필요성 인지	미용 기업 정신을 심어주고 질서 있는 교육 훈련 습득	직장 예절에 필요한 기술 훈련
	매장 내 교육 : 직원 관리와 직무 수행	조직의 전략과 목표, 합리적이고 효율적 작업 절차	구성원들 간의 믿음, 신뢰, 인식의 공유	팀원들 간의 커뮤니케이션 기술과 적응성
	전문 기술 교육 : 작업 환경 개선과 작업 의욕 향상	팀원들과 관계 개선	대인관계 원활과 리더십의 지식 습득	동기 부여 확립 목적 의식 강화 사기 진작의 교육
실기 토의	사례 및 실제	검토 및 사례	발표 및 사례	적응 실습

2. 고객 관리

- 고객 : 상품과 서비스를 제공받는 사람들로 이미 그 상품 및 서비스를 구입 사용하는 사람 앞으로 상품 및 서비스를 구입 사용할 가능성이 있는 사람, 거래처, 하청업자, 주주, 종업원, 직원도 고객이다.
- 고객 관리 : C.R.M(Customer Relationship Management)의 등장은 20세기 말부터 본격화된 치열한 경쟁 환경과 고객과의 관계 관리의 중요성에서 대도와 비즈니스 개념 정보 시스템이다.

1) 관계 진화 과정에 다른 고객

잠재 고객	서비스나 제품을 구매하지 않은 사람들 중에서 향후 고객이 될 수 있는 잠재력을 가진 집단이나 아직 기업의 관심이 없는 고객
가망 고객	기업에 관심을 보이는 신규 고객이 될 가능성이 있는 고객
신규 고객	처음 거래를 시작한 고객
기존 고객	2회 이상 반복 구매를 한 고객으로 안정화 단계에 들어간 고객
충성 고객	제품이나 서비스를 반복적으로 구매하고 기업과 강한 유대 관계를 형성하는 고객

2) 고객을 감동시키는 효과적인 서비스 복구 회복 5단계

(1) 즉각적인 사과

"제가 보기에는 괜찮은 것 같은데요.", "사람이 하는 일인데 그럴 수도 있지 않습니까?" 이런 애매한 태도가 아니라 "제가 잘못했습니다."라고 즉시 시인하고 사과한다.

(2) 긴급한 복구

고객을 위해 모든 수단을 동원하고 있다는 것을 느낄 수 있도록 긴장감을 가지고 분주하게 움직여야 한다. "도대체 뭐하는 거예요!" 이런 소리가 나올 때는 이미 때가 늦는 것이다.

(3) 감정 이입

고객의 불편과 당혹감을 함께 통감하는 자세가 필요하다. 즉, 고객의 입장에서 생각하고 있다는 것을 느끼게 해주는 것이 효과적이다.

(4) 상징적 보상

그냥 죄송하다거나 앞으로는 조심하겠다는 표현으로 끝낼 것이 아니라 특별 할인이나 선물 제공 등으로 상징적인 보상책이 필요하며 고가의 상품이 아닌 경우에는 아예 비용을 받지 않는 것도 좋은 방법이다.

(5) 완벽한 사후처리

며칠 후 전화를 드린다거나 문자를 보내서 다시 한 번 사과하고 우리는 당신을 진심으로 소중하게 생각하고 있다는 것을 느낄 수 있도록 하는 것이 좋다.

3) 고객의 주요 특징

(1) 고객은 요구 사항이 많고 권리 주장이 강하다.

(2) 고객은 항상 옆에 있고 왕이며 언제나 정당하다.

(3) 고객은 쉽게 변하고 매사에 더 즉흥적이다.

(4) 고객은 자신이 지불한 금액에 해당하는 서비스를 제공받으려고 한다.

(5) 고객을 신속하고 정확한 서비스를 좋아한다.

(6) 고객이 불만을 말하지 않을 때가 더 무섭다.

(7) 고객은 자신만을 알아 주기를 은근히 바란다.

(8) 고객은 첫 인상에 매우 민감하다.

(9) 관리 대고객은 많이 구매를 하며, 고객은 월급을 주는 사람이다.

(10) 직원 1,000명 중 1명의 실수일지라도 고객의 입장에서 100%의 실수인 것이다

(11) 많이 구매한 고객일수록 요구사항이나 바라는 것이 많다.

(12) 고객은 불평을 들어주면 단골이 된다.

(13) 한 번 마음이 떠난 고객이 돌아오기는 매우 어렵다.

4) 예약 응대 방법

(1) 예약이 가능한 경우

1차 서비스 담당자 선택 ⇒ 2차 예약 시간 확인 ⇒ 3차 고객 성함 확인 ⇒ 4차 관리 내용 확인 ⇒ 5차 전체 예약 내용 확인 ⇒ 6차 마무리 인사 단계별로 진행

(2) 예약이 불가능한 경우

1차 시간 및 서비스 담당자 확인 ⇒ 2차 사과 응대 멘트 ⇒ 3차 다른 날짜, 시간 안내 ⇒ 4차 대기자 등록 안내 ⇒ 5차 마무리 인사 단계별로 진행

※ 고객이 기분이 상하지 않도록 정중하게 사과하고 다른 대안을 설명한다.

(3) 시술자별 서비스 예약 대장

○○○○년 ○○월 ○○일

시간	예약 내용	서비스 담당자				
		○○원장	○○실장	○○팀장	○○○	○○○
10시	고객명					
	관리 내용					
	추가 관리 내용					
11시	고객명					
	관리 내용					
	추가 관리 내용					
12시	고객명					
	관리 내용					
	추가 관리 내용					

※ 날짜, 시간, 관리 내용, 서비스 담당자, 추가 관리 내용, 예약 인원 등의 예약 내용은 반드시 재확인하여 예약 관리에 문제가 발생되지 않도록 철저히 관리한다.

3. 제품 관리

1) 제품의 진열 방법

(1) 진열의 정의

　상품을 시각적 감각적으로 연출해 구매 의혹을 높이는 전략으로 상품을 보기 좋게 연출하고 고르기 쉽게 진열하여 매출을 올리고 좋은 매장 브랜드의 이미지를 심어주는 전략이다. 또한, 제품의 품질, 기능, 가격, 패키지 등 필요한 정보를 고객에게 제공하는 것이다. 고객이 제품을 구매할 때 선택이나 결정을 도와주며 더 나아가서는 판매를 유도하는 것을 말한다.

(2) 진열 방법

① 수직 진열

세로형 진열이라고도 하며, 동종·동류의 상품을 진열대의 상하로 배치하여 최소한의 움직임으로 상품을 고를 수 있도록 진열하는 방법으로 가장 일반적인 진열방법이다.

② 수평 진열

가로형 진열이라고도 하며, 동종·동류의 상품을 동일한 진열단에 배치하는 방법으로 고객은 그 상품뿐만 하니라 상하단의 다른 상품도 함께 선택할 수 있는 장점이 있으나 고객이 상품을 선택하기 위해서는 많이 움직여야 하는 단점이 있다.

③ 색상 배합 진열

제품 포장의 색상을 이용해서 색상별로 구분하여 진열함으로써 진열 전체를 돋보이게 하는 진열 방법으로 소비자 주목 효과가 매우 크다. (일반적으로 수직 진열과 병행하여 사용된다.)

④ 끝선 맞추기 진열

매대 상단에 진열된 제품의 끝선을 일정하게 맞춤으로써 배장 진열상의 안정감 및 정리된 이미지를 추구하는 진열 방법이다.

(3) 네일숍의 진열 위치

① 제품 판매 진열대 : 계산대 옆에 두어 고객의 시선이 자연스럽게 볼 수 있게 하여 고객이 제품을 만지고 선택하기 쉽게 판매를 촉진시킨다.

② 컬러 진열대 : 시술 관리 테이블 뒤에 위치하여 고객이 앉아있을 때 정면으로 보이도록 하여 고객이 컬러 선택 시 결정에 도움을 주도록 한다.

> **TIP** 폴리시 진열 방법
> 1. 브랜드끼리 모아두는 방법
> 2. 유사, 대비, 보색 등을 고려하여 진열하거나 계절별로 나누어 놓을 수 있다.

2) 재고 조사 및 관리대장

(1) 재고 조사

재고 조사를 통하여 일상의 활동에서는 파악되지 않는 항목을 파악하여 장부 잔고와 실제 잔고의 불일치를 보정(補正)하기 위한 자료를 얻게 된다. 재고 조사의 대상이 되는 자산을 재고자산이라 하여, 네일숍에서는 시술에 사용하는 제품과 판매하는 제품이 있다. 네일숍의 자산을 파악하고 운영 관리 상태를 점검하여 제품의 유통 기한, 품질 저하 등의 문제점을 개선하고 제품별 현재 재고 수량과 재고 보유 기간을 파악해서 재고 수준의 적정 여부를 분석, 적정 재고 수준, 주문 시기 및 주문량을 결정하여 정확하고 효율적인 관리를 한다.

(2) 재고관리대장 작성 방법

① 제품 분류하기 : 관리자가 관리하기 편한 형태로 제품을 분류한다. 예를 들어 메탈, 트리트먼트, 파일류, 인조 네일, 아트, 기타 또는 손 제품, 발 제품, 인조 네

일, 아트, 파일류 등으로 5~6가지로 분류한다.

② 안전 재고 조사 : 수요와 공급의 불균형을 방지하기 위해 계획된 재고 수량을 정한다.

③ 현재 재고 조사 : 현재 보유하고 있는 수량을 적는다.

④ 재고 부족 제품 조사 : 안전 재고보다 현재 재고가 적을 때나 유통기한 등 제품의 상태에 따라 분류하여 재고 부족 제품으로 적는다.

⑥ 재고관리대장 작성 : 현재 재고와 입고 가격으로 네일숍의 자산 합계를 알 수 있도록 재고관리대장을 작성한다.

재고 관리대장

ㅇㅇㅇㅇ년 ㅇㅇ월 ㅇㅇ일   담당자 : ㅇㅇㅇ

제품 분류	제품명	안전 재고	현재 재고	부족 재고	입고가	자산 합계	기타 (유통 기한)
메탈	니퍼	10	13	0	50,000		
메탈	푸셔	10	13	0	20,000		
:	:	:	:	:		:	:
트리트먼트	강화제	20	25	0	30,000		
트리트먼트	톱 코트	20	15	5	10,000		
트리트먼트	핸드크림	20	15	5	20,000		
:	:	:	:	:		:	:
파일류	우드파일	20	30	0	1,000		
:	:	:	:	:		:	:

※재고관리대 예시

입 · 출고 관리 대장

○○○○년 ○○월 ○○일   담당자 : ○○○

제품 분류	제품명	이전 재고	입고	출고 (판매)	출고 (내부 소모)	재고	비고
메탈	니퍼	5	10	1	0	14	
메탈	푸셔	15	0	0	0	15	
⋮	⋮	⋮	⋮	⋮	⋮	⋮	⋮
트리트먼트	강화제	20	20	5	0	35	
트리트먼트	톱 코트	20	10	5	0	25	
트리트먼트	핸드크림	20	20	5	2	37	
⋮	⋮	⋮	⋮	⋮	⋮	⋮	⋮
파일류	우드파일	20	30	0	10	40	
⋮	⋮	⋮	⋮	⋮	⋮	⋮	⋮

※ 입 · 출고 관리대장 작성 예시

4. 재무 관리

1) 재무제표의 의의

재무제표란 일정 기간의 경영 활동 결과에 따른 경영 성과 현금 흐름 및 일정 시점의 재산 상태를 나타내는 재무 자료이며, 경영 활동 결과의 경영 성적표라고 할 수 있다.

이러한 재무제표는 각 이해관계자가 합리적인 의사결정을 할 수 있도록 기업의 재무 정보를 제공하는 역할을 말한다.

<재무제표의 분류>

구 분	내 용
대차대조표	• 일정 시점(결산일) 현재 기업의 자산 부채, 자본, 즉 재산 상태를 나타내는 재무제표
손익계산서	• 일정 기간(결산 기간)의 수익, 비용, 이익, 즉 경영 성과를 나타내는 재무제표
이익잉여금 처분계산서	• 당기순이익 및 이익잉여금의 처분 내역, 즉 배당금 적립금의 현황을 나타내는 재무제표
현금흐름표	• 일정 기간(결산 기간)의 현금 유입, 현금 유출, 즉 현금 흐름 성과를 나타내는 재무제표

(1) 대차대조표

대차대조표는 일정 시점(결산일)에서 기업의 자산 보유 현황과 부채, 자본의 자본 조달 상태를 나타내는 재무제표이다. 대차대조표는 사업 개시 또는 사업 연도의 시작 시점에서 일정 기간 경영 활동(수익과 비용, 현금 흐름)의 결과 즉, 재산 증감 내역이 반영되어 다시 결산일 현재 재무 현황으로 나타낸다. 기업의 재무 상태는 자산과 부채, 자본의 기말 잔액을 대차대조표의 왼쪽(차변) 자산의 구성 상태를 나타내며, 자산은 기업이 소유하는 경제적 자원을 나타내고 오른쪽(대변)은 부채 자본의 구성 상태를 나타낸다. 자산은 기업이 소유하는 부채+자본이다. 기업이 필요한 자금을 외부 채권자에게 조달한 자금(부채)과 기업의 경영주에게 조달한 자금(자기 자본)을 나타낸다. 자산과 부채 · 자본 간에는 다음과 같은 균형이 항상 성립한다.

자산(자산 총액) = 부채(부채 총액) + 자본(자본 총액)

(2) 손익계산서

손익계산서는 일정 기간(결산 기간)에 기업의 경영 활동 성과를 나타내는 보고서로, 그 기간에 실현된 수익(번 돈)과 발생한 비용(쓴 돈)을 차감하여 일정 기간의 손익을 기록하고 이로부터 해당 기간의 이익을 계산한 표이다. 이러한 손익계산서는 대변(오른쪽)에 재화/용역 제공의 대가인 수익을 나타내고 차변(왼쪽)에는 수익을 얻으려고 지출한 대가인 비용을 나타낸다.

> 수익 - 비용 = 이익

(3) 변동비(Variable Costs)

매출액의 증감에 따라 일정한 비율로 증가하는 비용으로 원재료비, 판매 수수료 등이다.

예) 젤 고객이 몇 분 더 추가되어 매출이 증가하는 비용

(4) 고정비(Fixed Costs)

매출액의 증감에 관계없이 일정하게 발생하는 비용으로 집세, 인건비, 감가상각비, 복리후생비, 리스 대금, 일반 경비 등이다.

(5) 한계이익과 손익분기점의 원리

손익분기점을 넘으면 이익이 급격하게 커진다. 흔히 '101%와 99%는 하늘과 땅 차이'라고 하듯이 손익분기점을 넘으면 고정비라고 하는 무거운 짐에서 해방되기 때문에 이익이 급증한다. 그 이유는 손익분기점을 넘은 만큼 매출에 대한 한계이익이 그대로 이익이 되기 때문이다.

> 한계이익 = 매출액 - 변동비

〈손익분기점 이전〉

손실 부분	매출이 고정비와 변동의 합계를 상회하고 있으며, 매출에서 고정비와 변동비의 한계를 공제한 금액이 곧 이익이다.
고정비	매출이 증가해도 고정비는 증가하지 않는다.
변동기	매출이 증가한 만큼 변동비(재료비)는 증가한다.

〈손익분기점〉

고정비	고정비와 변동비의 합계가 매출과 같다
변동기	

〈손익분기점 이후〉

이익 부분	매출이 감소해도 고정비는 감소하지 않는다.
고정비	매출이 감소한 만큼 변동비(재료비)는 감소한다.
변동기	

2) 수입 · 지출 관리대장

(1) 수입대장, 지출대장을 따로 정리하여 수입 · 지출대장을 기록하는 방법과 수입과 지출을 같이 기록하는 방법 중 선택할 수 있다.

(2) 수입 내역을 조사한다. 예를 들어 서비스 수입, 회원권 수입, 제품 판매 수입 등으로 나눌 수 있다.

(3) 지출 내역을 조사한다. 집세, 인건비, 감가상각비, 복리후생비, 리스 대금, 일반 경비 등이 있다.

(4) 지출과 수입의 세부 내역을 조사하고 수량을 함께 표기한다.

(5) 발생한 지출과 수입은 현금(통장)과 카드로 나누어 해당란에 기록한다.

수입·지출 관리대장

○○○○년 ○○월 ○○일 담당자 : ○○○

월/일	계정 과목		세부 내용	수입·지출		잔액	잔액 누계	비고
				현금	카드			
○/○	수입	전월 잔액		7,200,000 원				
		서비스	매니큐어(3) 젤네일(5)	200,000	200,000			
		회원권	A(2)	200,000	-			
		제 품	-	-	-	600,000	7,800,000	
	지출	인건비	실장(000원) 팁장(000원)	4,500,000	-			
		복리후생	식대	-	30,000			
		운영비	관리비	100,000	-			
		재료비	거래처 대금	250,000	-	4,880,000	2,920,000	
	토탈잔액			2,920,000 원				
○/○	수입	서비스	매니큐어(5) 페디큐어(4)	50,000	250,000			
		회원권	B(3), C(2)	-	800,000			
		제 품	영양제(5)	-	250,000	1,350,000	4,270,000	
	지출	운영비	임대료	2,000,000	-			
		복리후생	간식비	20,000	-	2,020,000	2,250,000	
	토틸 잔액			2,250,000 원				

※ 수입·지출 관리대장 작성 예시

3) 인센티브 산출

직원들의 능력이 같더라도 인센티브를 적용함에 따라 조직에 대한 공헌도에 차이가 발생한다. 일하는 것에 대한 사람의 동기에 조직이 잘 조합시킨 인센티브를 제공함으로써 직원의 의욕과 노력을 이끌어내고, 그 결과 조직의 산출(output)을 높일 수 있다. 인센티브는 채용 조건에 따라 목표 금액은 다를 수 있고 %는 목표 금액 달성과 미달성에도 차이를 둘 수 있다.

5. 홍보 관리

1) SNS 홍보

최근 트위터, 페이스북, 라인, 미투데이와 같은 소셜네트워크서비스(Social Network Services/sites, SNS)가 사회적으로, 학문적으로 관심의 대상으로 급부상하고 있다. 각각의 SNS가 네트워킹 또는 네트워크, 커뮤니케이션, 미디어 공유, 메시지 서비스 등 공통된 기능들을 공유하고 있기는 하지만, 개별 서비스에 기능적 차이가 있기 때문에 이를 정의하는 것은 쉽지 않다. 하지만 이들 SNS를 통해 유행하는 네일 디자인이나 컬러 등의 네일 트렌드를 실시간으로 검색하고 분석할 수 있으며 많은 인맥 관리를 통하여 네일 디자인 작품 등으로 네일숍 홍보에도 활용할 수 있다.

2) 디스플레이 홍보

네일숍 내·외의 디스플레이는 숍을 홍보하기 위한 방법으로 외적으로는 간판, 포스터 등으로 고객을 네일숍으로 유도할 수 있으며, 인테리어 소품이나 작품을 진열함으로써 고객에 시각적으로 신선함을 전하는 역할을 한다. 네일숍은 계절에 영향을 많이 받는 경향이 있으므로 디스플레이나 인테리어 등을 계절에 맞게 바꿔보는 것도 한 가지 방법이다.

3) DM(Direct Mail) 홍보

DM(Direct Mail)은 다이렉트 메일로 소비지에게 직접적으로 마케팅을 하는 방법으로 편지나 엽서, 안내장, 리플릿, 카탈로그 등의 인쇄물 또는 샘플 등을 전달하거나 우편물을 이용하여 인터넷으로 고객의 의사에 따라 쿠폰, 안내문, 편지 등을 활용하여 발신자의 목적에 맞게 특정 고객들에게 전달하는 커뮤니케이션의 수단이다. 정확한 목표 설정으로 고객에게 제품의 가치 및 네일숍의 인지도를 높여 매출 증대에 큰 효과를 보여주는 가장 확실한 마케팅 방법 중 하나이다. 또한, 생일, 결혼기념일, 오픈기념일, 계절 상품, 이벤트 안내 등 연속적인 DM은 지속적인 커뮤니케이션 관계로 효과적인 고객 관리가 가능하다.

4) 텔레마케팅

고객을 직접 만나지 않고도 전화나 컴퓨터 등 정보통신 수단을 이용해 매출액을 늘리고 고객 만족을 실현하려는 종합적인 마케팅 활동이다. 전화, 팩시밀리가 대표적인 텔레마케팅 수단이다. 그러나 전화교환기 워크 스테이션 등 하드웨어 제조, 프로그램 개발, 교육, 컨설팅업 등도 넓은 의미의 텔레마케팅 산업에 포함된다. 따라서 고객에게 전화를 걸어 판촉 활동을 하는 단순 통신판매보다 포괄적인 개념이다. 그러나 개인 정보 유출 등 문제점이 있어 관련법 개정 요구가 대두되었고, 개정된 개인 정보 보호법에 의하면 텔레마케팅의 경우 전화를 통해 이용자가 서비스 가입을 하고자 하는 경우 상담원 또는 ARS 등을 통해 동의를 받아야 할 사항을 알리고 동의를 받아야 한다.

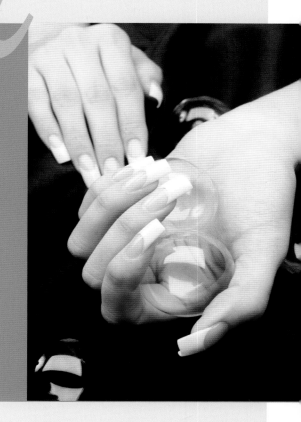

Nail

06
예/상/문/제

네일숍 위생 서비스 / 1201010401_14v2

1. 화학제품의 냄새와 증기가 빠져나가도록하는 방법은?

① 배수
② 환기
③ 청소
④ 소독

2. 세균으로 인한 질병을 예방하거나 위생과 청결을 위한 방법은?

① 실내 청소
② 실외 청소
③ 공기 청청
④ 소독

3. 진열장의 진열품 정리 방법이 아닌 것은?

① 크기대로
② 색깔대로
③ 모양대로
④ 이름대로

4. 네일숍 청소 점검표의 단점은?

① 전반적인 위생 상태를 파악할 수 있다.
② 전반적인 청소 상태를 파악할 수 있다.
③ 전반적인 시설 상태를 파악할 수 있다.
④ 전반적인 네일 상태를 파악할 수 있다.

5. 위생 처리하는 방법으로 가장 효과적인 소독은?

① 화학적 소독
② 물리적 소독
③ 기술적 소독
④ 기능적 소독

6. 살롱에서 사용하는 소독 방법 중 가장 보편적인 방법은 무엇인가?

① 건열소독법
② 자외선소독법
③ 화학적 소독
④ 습열소독법

7. 네일 도구를 소독하기 위한 알코올의 적당한 농도는?

① 40%
② 50%
③ 60%
④ 70%

8. 다음 중 금속성 식기, 면 종류의 의류, 도자기의 소독에 적합한 소독 방법은?

① 저온소독법
② 자비소독법
③ 소각소독법
④ 화염멸균법

9. 네일숍의 위생 관리 점검표에 표기하지 않아도 되는 것은?

① 개인 위생　　② 기구 소독
③ 소모품 소독　④ 도구 소독

10. 전화 응대의 기본 원칙이 아닌 것은?

① 신속　② 경청　③ 정확　④ 친절

11. 예약관리대장에 필요 없는 내용은?

① 서비스 담당자
② 고객 카드 유무
③ 해당 서비스 내용
④ 서비스 비용

12. 다음 중 처음 방문한 고객과의 상담 방법이 아닌 것은?

① 고객이 원하는 서비스를 확인
② 서비스 제공 리스트 공지
③ 전반적인 네일 서비스 설명
④ 비싸고 시술이 편한 서비스 추천

13. 시술 방법 중 인조 네일에 해당하는 시술 유형은?

① 젤 스컬프처　　② 젤 폴리시
③ 젤 엠보　　　　④ 젤 글루

14. 손톱이 찢어져 네일 랩핑을 하려고 한다. 시술에 필요한 재료가 아닌 것은?

① 네일 접착제　　② 프라이머
③ 글루 드라이　　④ 실크

15. 고객관리대장에 기재하지 않아도 되는 것은?

① 서비스 날짜　　② 서비스 내용
③ 서비스 담당자　④ 서비스 시간

16. 네일 서비스를 받고 폴리시 드라이 테이블로 이동하지 않아도 되는 시술 방법은?

① 페디큐어 서비스
② 매니큐어 서비스
③ 네일 랩핑 서비스
④ 젤 폴리시 서비스

17. 매니큐어 시술 시 큐티클 제거 후 큐티클을 소독하는 이유는?

① 진정 효과
② 컬러의 발색 효과
③ 컬러 접착력 상승 효과
④ 큐티클 정리 효과

해답　1.② 2.① 3.④ 4.④ 5.① 6.③ 7.④ 8.② 9.③ 10.②
　　　11.④ 12.④ 13.① 14.② 15.④ 16.④ 17.①

네일 화장물 제거 / 1201010402_14v2

1. 네일 화장물을 제거하려고 한다. 고객 관리대장에서 파악하지 않아도 되는 것은?

① 시술 내용 파악

② 사용한 재료의 특징 파악

③ 서비스 품목

④ 서비스 담당자

2. 아크릴릭 화장물을 제거할 때 가장 적절한 파일의 그릿은?

① 70~80G   ② 180G 이상

③ 150G~180G   ④ 100G~150G

3. 젤 매니큐어 화장물 제거 방법은?

① 리무버로 감싼다.

② 표면의 광택을 제거한다.

③ 아세톤으로 감싼다.

④ 오일로 감싼다.

4. 아크릴릭 네일 화장물 제거 중 잔여물 제거 방법은?

① 핸드 드릴로 제거한다.

② 가위로 제거한다.

③ 니퍼로 제거한다.

④ 파일로 제거한다.

5. 고객관리대장에 랩핑 시술 후 젤 폴리시를 발랐다. 화장물 제거 방법은?

① 파일과 오일로 제거한다.

② 파일과 리무버로 제거한다.

③ 파일과 퓨어 아세톤으로 제거한다.

④ 파일과 클리너로 제거한다.

6. 네일 랩 화장물 제거 방법은?

① 리무버로 제거한다.

② 퓨어 아세톤으로 제거한다.

③ 파일로 제거한다.

④ 오일로 제거한다.

7. 아크릴릭 네일 화장물 제거 중 잔여물 제거 방법이 아닌 것은?

① 다시 아세톤으로 제거한다.

② 파일로 제거한다.

③ 오렌지 우드 스틱으로 제거한다.

④ 니퍼로 제거한다.

8. 네일 화장물 제거 중 잔여물 제거에 필요한 재료는?

① 오렌지 우드 스틱　② 가위

③ 니퍼　　　　　　　④ 핸드 드릴

9. 화장물의 완전 제거 상태를 확인하지 않아도 되는 곳은?

① 네일 그르브　　② 프리에지 밑

③ 네일 보디　　　④ 네일 루트

10. 네일 화장물 제거 후 자연 네일의 모양을 정리하는데 적합한 것은?

① 180그릿의 우드 파일

② 220그릿의 샌딩 파일

③ 150그릿의 지브라 파일

④ 100그릿의 블랙 파일

11. 네일 화장물을 제거 후 표면을 매끄럽게 정리하는데 적합한 것은?

① 우드 파일　　　② 샌딩 파일

③ 3-way　　　　④ 오렌지 우드 스틱

12. 네일 화장물 제거 후 손상된 손톱에 시술하기 적합한 것은?

① 베이스 코트　　② 네일 강화제

③ 톱 코트　　　　④ 큐티클 오일

13. 네일 화장물 제거 시 배출된 잔여물들의 처리 방법은?

① 재사용한다.

② 화장지에 싸서 버린다.

③ 밀봉하여 폐기한다.

④ 쓰레기통에 버린다.

해답　1.④　2.④　3.②　4.④　5.③　6.②　7.④　8.①　9.④　10.①　11.②　12.②　13.③

네일 기본 관리 / 1201010403_14v2

1. 파일의 거칠기 정도를 구분하는 기준은 무엇인가?

① 파일의 두께   ② 그릿(Grit) 번호
③ 소프트(soft) 번호 ④ 파일의 길이

2. 손톱 모양 중 가장 튼튼하며 컴퓨터 종사자나 리셉션리스트에게 적당한 네일 모양은?

① 스퀘어   ② 라운드
③ 오발   ④ 포인트

3. 샌딩블럭(버퍼)의 사용 용도는?2

① 네일 길이를 정리할 때
② 네일 표면을 매끄럽게 정리할 때
③ 네일 밑의 거스러미를 제거할 때
④ 네일 표면을 튼튼하게 할 때

4. 파일링을 한 후에 네일 밑의 거스러미를 제거할 때 사용하는 것으로 맞는 것은?

① 네일 브러시   ② 샌딩 버퍼
③ 파일 샌딩   ④ 라운드 패드

5. 다음은 습식 매니큐어 절차 과정이다. ( ) 안에 들어갈 알맞은 것을 순서대로 고르시오.

소독 위생 → ( ) → 모양 만들기 → ( ) → 손 담그기 → 큐티클 정리 → 보습제 바르기 → ( ) → 베이스 코트 → 에나멜 바르기 → 톱 코트 바르기

① 버핑하기/라운드 패드/유분기 제거
② 에나멜 제거/버핑하기/유분기 제거
③ 유분기 제거/푸셔/네일 보강제
④ 버핑하기/에나멜 제거/네일 보강제

6. 패디큐어 시술 시 각탕기에 첨가시켜야 하는 재료는?

① 항균 비누   ② 발 파우더
③ 알코올 70%   ④ 방부제

7. 큐티클 오일을 사용하는 주된 목적은?

① 네일 표면에 광택을 주기 위해서

② 큐티클을 유연하게 하기 위해서

③ 네일 표면에 변색과 오염을 방지하기 위해서

④ 자연 네일이 약한 손톱을 건강하게 하기 위해서

8. 큐티클을 밀어 올릴 때 사용하는 것은?

① 우드파일 ② 파일 ③ 니퍼 ④ 푸셔

9. 네일 주위의 큐티클을 정리할 때 사용하는 것은?

① 스톤 푸셔   ② 네일 클리퍼

③ 큐티클 니퍼   ④ 메탈 푸셔

10. 네일 폴리시(네일 에나멜)가 네일에 잘 부착되도록 바르는 것은?

① 베이스 코트   ② 프라이머

③ 톱 코트   ④ 본더

11. 네일 에나멜과 같은 뜻으로 통용되는 용어는?

① 네일 블리치(Nail bleach)

② 매니큐어(Manicure)

③ 폴리시(Polish)

④ 톱 코트(Top coat)

12. 손톱의 프리에지 부분에 다양한 유색 폴리시를 발라주는 컬러링 방법은?

① 파라핀 매니큐어

② 레귤러 매니큐어

③ 핫오일 매니큐어

④ 프렌치 매니큐어

13. 폴리시를 바를 때 브러시의 각도는?

① 15도   ② 30도

③ 45도   ④ 60도

14. 라이트 큐어드 젤(UV 젤)을 굳게 할 수 있는 자외선 또는 할로겐 전구가 들어 있는 전기용품의 이름은?

① 큐어링 라이트 기   ② 라이트 폼

③ 글루 드라이   ④ 드릴 머신

15. 네일 에나멜이 쉽게 벗겨지지 않도록 보호해 주는 것은?

① 네일 화이트너   ② 베이스 코트

③ 톱 코트   ④ 네일 강화제

16. 민감성 피부에 부적합한 각질 제거제는?

① 고마지 겔   ② 스크럽

③ 효소   ④ 워셔블

17. 문지르면 때처럼 밀려 나오는 형식으로 각질을 제거하는 방법은?

① 고마지 젤   ② 스크럽
③ 파라핀   ④ 워셔블

18. 건조한 손과 발에 적합한 것은?

① 보습제 바르기   ② 젤 바르기
③ 리무버 바르기   ④ 글루 바르기

19. 손에 보습제를 도포할 때 가장 먼저 도포하는 곳은?

① 손목 ② 손바닥 ③ 손등 ④ 손가락

20. 겨울철 손·발에 보습제를 바르고 유분기를 제거하기 위한 방법은?

① 냉 타월을 한다.
② 온 타월을 한다.
③ 리무버로 닦아준다.
④ 페이퍼 타월로 닦는다.

21. 컬러의 접착력을 높이기 위해 유분기를 제거하는 방법은?

① 냉 타월로 손톱 표면을 닦는다.
② 글루로 손톱 표면을 닦는다.
③ 리무버로 손톱 표면을 닦는다.
④ 물로 손톱 표면을 닦는다.

22. 건조한 손과 발에 적합한 것은?

① 보습제 바르기   ② 젤 바르기
③ 리무버 바르기   ④ 글루 바르기

23. 보습제 바르기 시술 후 오렌지 우드 스틱의 정리 방법은?

① 재사용한다.
② 쓰레기통에 버린다.
③ 소독 후 사용한다.
④ 깎아서 사용한다.

네일 팁 / 1201010404_14v2

1. 인조 팁 시술 전 손톱 모양을 둥근형 (Round Shape)으로 하는 이유는?

① 팁의 웰 선이 라운드이기 때문에

② 팁을 잘 붙게 하기 위해서

③ 스마일 라인이 라운드이기 때문에

④ 큐티클 라인과 맞게 하기 위해서

2. 인조 네일의 접착력을 높이기 위해 광택을 제거하는 방법은?

① 샌딩블럭으로 표면을 정리한다.

② 리무버로 표면을 닦아준다.

③ 푸셔로 표면을 정리한다.

④ 오렌지 우드 스틱으로 표면을 정리한다.

3. 인조 네일을 시술하기 전 각질과 거스러미를 제거하기 위한 방법은?

① 푸셔로 밀어준다.

② 니퍼로 정리한다.

③ 가위로 잘라준다.

④ 팁 커터로 제거한다.

4. 아크릴릭 시술 시 자연 손톱 표면에 잘 접착되도록 사용하는 재료는?

① 리퀴드   ② 프라이머

③ 젤   ④ 폼

5. 프라이머에 대한 설명 중 틀린 것은?

① 피부에 묻으면 가렵거나 껍질이 벗겨질 수 있다.

② 산성이다.

③ 프라이머는 반드시 한 번만 바른다.

④ 자연 네일에만 바른다.

6. 네일 팁 시술 시 작은 팁을 붙였을 때의 증상이 아닌 것은?

① 자연 네일에 통증이 올 수 있다.

② 파일링이 어려울 수 있다.

③ 손톱이 오그라들어 변형이 올 수 있다.

④ 자연 손톱과 밀착 부분이 작아 빨리 부러질 수 있다.

7. 팁 접착 시 공기 방울이 생기지 않도록 팁을 붙이는 각도는?

① 10도　② 15도　③ 30도　④ 45도

8. 팁을 비틀어 붙이지 않게 하는 방법은?

① 손톱을 보고 붙인다.
② 큐티클을 보고 붙인다.
③ 손가락 마디를 보고 붙인다.
④ 손목을 보고 붙인다.

9. 팁을 붙이고 길이를 자를 때 필요한 도구는?

① 니퍼　　　　② 푸셔
③ 팁 커터　　　④ 콘 커터

10. 팁 턱선 제거를 할 때 엄지로 자연 네일을 잡아주는 이유는?

① 자연 네일 손상 방지
② 과다한 팁 턱선 제거 방지
③ 큐티클 손상 방지
④ 네일 월 손상 방지

11. 컬러 팁을 붙인 경우 팁 턱선을 제거하지 않는 이유는?

① 자연 네일을 보호하기 위해
② 길이를 줄이지 않기 위해
③ 큐티클을 보호하기 위해
④ 컬러와 라인을 살리기 위해

12. 다음 설명 중 바르지 않은 것은?

① 컬러 팁의 턱은 제거하지 않는다.
② 네일 팁 접착 후 랩핑을 하면 더 견고해진다.
③ 네일 팁 접착 후 팁의 턱 제거를 하지 않고 랩핑을 하면 더 견고해진다.
④ 자연 네일의 표면이 고르지 않을 경우 필러 파우더를 이용하여 매끄럽게 한다.

13. 팁 턱선을 제거한 후 주변의 잔여물을 제거하는 재료는?

① 파일　　　　② 리무버
③ 더스트 브러시　④ 글루

14. 필러(Filler)에 대한 설명이다. 맞는 것은?

① 인조 네일을 붙이는 접착제이다.
② 아크릴릭 시술 시 사용하는 파우더이다.
③ 갈라지거나 찢어진 네일을 보수할 때 사용한다.
④ 인조 네일을 제거할 때 사용한다.

15. 랩 접착 시 주의사항으로 맞는 것은?

① 큐티클로부터 1/16인치 떨어져야 한다.

② 가능한 한 큐티클 라인 가깝게 접착한다.

③ 랩 접착 시 제대로 안 될 경우 젤을 도포한다.

④ 랩의 턱선을 제거할 때는 샌딩블럭을 사용한다.

16. 아크릴릭 스컬프처 네일 시술 시 가장 얇아야 하는 곳은?

① 큐티클 부분

② 스트레스 포인트 부분

③ 프리에지

④ 보디

17. ( ) 안에 들어갈 팁 위드 랩 시술 과정은?

> 랩 붙이기 → 글루 바르기 →
> (　　　) → 손톱 모양 잡기 → 글루 바르기 → 버핑하기 → 오일 바르기

① 광택 내기　　　② 랩 턱선 제거

③ 젤 바르기　　　④ 손톱 길이 정리

18. 팁 시술 시 오버레이 제품 중 아세톤에 녹지 않는 것은?

① 젤 글루　　　② 소프트 젤

③ 하드 젤　　　④ 아크릴릭

19. 아크릴릭 네일 시술 중합 과정 시 완벽하게 굳는 데 걸리는 시간은?

① 30~50분　　　② 1~2시간

③ 5~10분　　　④ 24~48시간

20. UV 광선이나 할로겐 램프를 이용해 젤을 응고시키는 방법은?

① 노 라이트 큐어드 젤

② 라이트 큐어드 젤(UV 젤)

③ 스컬프처 네일

④ 아크릴 오버레이

21. 랩 오버레이 후 랩 턱선 제거를 할 때 가장 적당한 파일의 그릿은?

① 80~100그릿　　② 100~120그릿

③ 150~180그릿　④ 200~220그릿

22. 스퀘어 손톱 모양을 잡기 위해 옆 선이 일직선이어야 한다는 전문 용어는?

① 하이 포인트

② 스트레스 포인트

③ 사이드 스트레이트

④ 아치

23. 아크릴릭 팁 오버레이를 하고 파일을 이용하여 표면을 갈고 난 후 거친 표면을 매끄럽게 갈아주는데 사용하는 재료는?

① 페디 파일   ② 샌딩블럭
③ 우드 파일   ④ 젤 파일

24. ( ) 안에 들어갈 시술 과정은?

젤 본더 바르기 → 1차 젤 올리기 → 큐어링 → 젤 크리너로 닦기 → 표면 정리하기→ 버핑하기 → 톱 젤 바르기 → 크리너로 닦기 → ( )

---

① 광택 내기
② 큐티클 오일 바르기
③ 톱 젤 바르기
④ 베이스 젤 바르기

25. 인조 네일 시술 후 손톱 표면의 광택을 내기 위한 네일 재료는?

① 3-way   ② 샌딩블럭
③ 지브라 파일   ④ 블랙 파일

26. 컬러링의 시술 순서는?

① 베이스 1코트 → 폴리시 1코트 → 톱 1코트
② 베이스 1코트 → 폴리시 2코트 → 톱 1코트
③ 베이스 1코트 → 폴리시 2코트 → 톱 2코트
④ 베이스 2코트 → 폴리시 1코트 → 톱 2코트

해답 1.① 2.① 3.① 4.② 5.③ 6.② 7.④ 8.③ 9.③ 10.① 11.④ 12.③ 13.③ 14.③ 15.① 16.① 17.② 18.③ 19.④ 20.② 21.③ 22.③ 23.② 24.② 25.① 26.②

네일 랩 / 1201010405_14v2

1. 랩핑 시술 시 일부분만 랩을 재단하여 붙일 수 있는 시술 방법은?

① 찢어진 손톱
② 아래로 휜 손톱
③ 위로 올라간 손톱
④ 끝이 말린 손톱

2. 랩에 공기 방울이 생기지 않도록 붙이려면 제일 먼저 붙여야 하는 곳은?

① 큐티클 부분
② 손톱 중앙 부분
③ 프리에지 끝 부분
④ 오른쪽 측면

3. 랩을 붙이고 강도를 높여주기 위한 보강제는?

① 필러 파우더　　② 본더
③ 딥 파우더　　④ 아크릴릭 파우더

4. 랩핑 시술 시 ( ) 안에 들어갈 시술 과정은?

소독하기 → 푸셔하기 → 유분 제거하기 → 랩 붙이기 → 필러 파우더 뿌리기 → (　　) → 손톱 모양 잡기 → 글루 바르기 → 버핑하기 → 오일 바르기

① 오일 및 큐티클 정리
② 젤 오버레이 하기
③ 글루 및 젤 바르기
④ 랩 턱선 및 표면 정리

5. 랩 턱선 제거 후 랩 표면은 어떻게 정리하는가?

① 버핑한다.　　② 파일링한다.
③ 젤 오버레이 한다.　④ 오일을 바른다.

6. 실크 재단 시 실크를 사다리꼴로 재단하는 이유는?

① 자연 네일의 두께가 얇기 때문이다.
② 자연 손톱이 짧기 때문이다.
③ 자연 손톱이 평면이기 때문이다.
④ 손톱의 길이를 연장하는 부분이 'C' 커브를 잘 만들기 위함이다.

7. 프리에지 부분에 공기 방울이 생기지 않도록 밀착해서 붙여야 하는 이유는?

① 틀어지거나 휘어지지 않게 하려고
② 'C' 커브가 잘 나오게 하려고
③ 투명하게 하려고
④ 손톱이 길어 보이게 하려고

8. 실크 익스텐션 시술에서 글루와 필러 파우더의 양 조절이 매우 중요하다. 양 조절이 안 될 경우 일어나는 현상은?

① 두께가 일정해진다.
② 투명도가 떨어진다.
③ 사이드 스트레이트를 잡기 어렵다.
④ 'C' 커브의 형성에 도움이 된다.

9. 실크, 필러 파우더, 글루를 사용하여 자연 네일의 길이를 연장하는 시술의 명칭은 무엇인가?

① 랩 오버레이   ② 실크 익스텐션
③ 팁 오버레이   ④ 팁 위드 실크

10. 실크 익스텐션 시술 시 스트레스 포인트 부분부터 연장 부위 양쪽을 자연스럽게 눌러주어 손톱 모양을 잡아주는 동작은?

① 파일링   ② 핀칭   ③ 에칭   ④ 버핑

11. ( ) 안에 들어갈 시술 과정은?

> 랩 붙이기 → 필러 파우더 뿌리기
> → 글루 바르기 → 핀칭 주기 → 길
> 이 자르기 → (   ) → 손톱 모양
> 잡기 → 글루 바르기→ 버핑하기
> → 오일 바르기

① 큐티클 정리   ② 젤 오버레이 하기
③ 젤 바르기   ④ 표면 정리

젤 네일 / 1201010406_14v2

1. 네일과 폼 사이에 틈이 없도록 폼을 끼울 때 손상 우려가 있는 손톱 주위 피부는?

① 하이포니키움 ② 큐티클
③ 에포니키움 ④ 네일 월

2. 네일 폼의 방향을 맞게 끼운 것은?

① 손가락 끝 마디 선과 평행이 되도록 끼운다.
② 손톱 끝을 보고 끼운다.
③ 큐티클을 보고 끼운다.
④ 손목을 보고 끼운다.

3. 네일 폼을 수평으로 끼웠을 경우 손톱 밑에 공간이 생기는 손톱 형태는?

① 일반적인 손톱
② 위로 올라간 손톱
③ 아래로 내려간 손톱
④ 옆으로 휘어진 손톱

4. 스컬프처 네일 시술 후 폼을 제거해야 하는 시기는?

① 오버레이 된 인조 손톱이 완전히 마른 후 제거
② 오버레이 시술 후 바로 제거
③ 인조 손톱의 큐티클을 정리하고 제거
④ 인조 손톱의 표면을 갈아주고 제거

5. 라이트 큐어드 젤(UV 젤) 중 퓨어 아세톤에 녹는 젤은?

① 자 타입 젤 ② 하드 젤
③ 소프트 젤 ④ 실크 익스텐션

6. 라이트 큐어드 젤(UV 젤) 시술 과정에서 필요하지 않은 것은?

① 젤 본더 ② 프라이머
③ 큐어링 라이트 기 ④ 3-way

7. 고객이 손톱의 길이를 늘리고 싶지 않을 경우 자연 네일만 보강하는 젤 네일 서비스는?

① 젤 랩핑
② 젤 원톤 스컬프처
③ 젤 팁
④ 젤 투톤 스컬프처

8. 젤을 이용하여 길이를 연장하는 방법 중 프렌치 효과를 주면서 길이를 늘릴 수 있는 시술 방법은?

① 젤 랩핑
② 젤 원톤 스컬프처
③ 젤 팁
④ 젤 투톤 스컬프처

9. 다양한 컬러 젤을 이용하여 손톱의 길이를 연장하는 젤 네일은?

① 젤 랩핑
② 젤 원톤 스컬프처
③ 젤 투톤 스컬프처
④ 젤 디자인 스컬프처

10. 젤 디자인 스컬프처를 시술할 때 2D 형태를 만들 수 있는 재료는?

① 엠보 젤　　② 폴리시 젤
③ 화이트 젤　　④ 컬러 젤

11. 라이트 큐어드 젤 네일 시술 시 브러시 사용법으로 맞는 것은?

① 빠른 브러시 터치를 한다.
② 브러시로 꾹꾹 눌러서 표면을 만들어 준다.

③ 브러시 끝으로 계속 쓸어내려 준다.
④ 브러시가 손톱 표면에 닿지 않도록 가볍게 브러시를 다뤄야 한다.

12. 고객의 손톱이 넓을 경우 좁아 보이고 튼튼한 손톱 모양은?

① 스퀘어 모양
② 라운드 스퀘어 모양
③ 오발 모양
④ 포인트 모양

13. 젤 램프와 관련한 설명으로 맞지 않은 것은?

① ED 램프는 400nm 정도의 파장을 사용한다.
② UV 램프는 UV-A 파장 정도를 사용한다.
③ 젤 네일의 광택이 떨어지거나 경화 속도가 떨어지면 램프를 교체함이 바람직하다.
④ 젤 네일에 사용되는 광선은 자외선과 적외선이다.

해답　1.① 2.① 3.② 4.① 5.③ 6.④ 7.① 8.④ 9.④ 10.① 11.④ 12.② 13.④

아크릴릭 네일 / 1201010407_14v2

1. 리퀴드와 파우더를 조금씩 덜어 사용하기 위한 용기는?

① 스패튤라　　　② 그라인더
③ 디펜디시　　　④ 스포이드

[2~3 문제] 다음은 아크릴릭 스컬프처 네일의 준비 과정이다.

> 손 소독 → 폴리시 제거 → 큐티클 밀기 → (①) → 손톱 모양 잡기 → 네일 폼 끼우기 → (②)

2. [예문]의 (①) 안에 들어갈 알맞은 말은?

① 광택 제거　　　② 오일 바르기
③ 베이스 젤 바르기　　④ 원볼 올리기

3. [예문]의 (②) 안에 들어갈 알맞은 말은?

① 유분기 제거　　② 오일 바르기
③ 폼 끼우기　　　④ 프라이머 바르기

4. 아크릴릭 볼을 올릴 때 가장 얇게 올려야 하는 손톱 부분은?

① 큐티클 부분　　② 보디 중앙 부분
③ 프리에지 부분　　④ 사이드 부분

5. 아크릴릭 볼 믹스처 시 리퀴드 양이 적을 경우 나타날 수 있는 증상은?

① 너무 빨리 건조됨
② 견고성이 떨어짐
③ 건조 시간이 오래 걸림
④ 아크릴릭 볼이 흘러내림

6. 스마일 라인이나 미세 작업 시 사용하는 아크릴릭 브러시 부분은?

① 브러시 앞 부분
② 브러시 중간 부분
③ 브러시 끝 부분
④ 브러시 코 부분

7. 길이 조절이나 볼을 펴줄 때 사용하는 아크릴릭 브러시 부분은?

① 브러시 앞 부분 ② 브러시 중간 부분
③ 브러시 끝 부분 ④ 브러시 코 부분

8. 물어뜯는 네일에 아크릴릭 스컬프처를 시술하는 가장 큰 이유는?

① 시술이 간단해서 ② 견고해서
③ 가벼워서   ④ 잘 떨어져서

9. 아크릴릭 프렌치 스컬프처 시술 시 스마일 라인에 대한 설명 중 틀린 것은?

① 깨끗하고 선명한 라인을 만들어야 한다.
② 손톱의 상태에 따라 라인의 깊이를 조절할 수 있다.
③ 빠른 시간에 시술해서 라인에 얼룩이 지지 않도록 해야 한다.
④ 양쪽 포인트의 대칭은 그다지 중요하지 않다.

10. 위로 올라간 손톱은 어느 부분에 아크릴릭 볼을 많이 올려야 하는가?

① 큐티클 부분   ② 보디 중앙 부분
③ 프리에지 부분   ④ 싸이드 부분

해답   1. ③ 2. ① 3. ④ 4. ① 5. ① 6. ① 7. ③ 8. ② 9. ④ 10. ②

평면 네일아트 /1201010408_14v2

1. 굵기가 가느다란 여러 가지 색의 선을 붙여 표현하는 디자인 재료의 명칭은?

① 스트라이핑 테이프   ② 콘 페티
③ 스트라이핑 브러시   ④ 댕글

2. 네일 디자인 중 필름을 붙이는 방법은?

① 전용 글루 사용
② 전용 리무버 사용
③ 전용 톱 젤 사용
④ 전용 베이스 젤 사용

3. 전문 접착제를 사용하여 손톱에 붙여 아름다움을 표현하는 디자인 재료의 명칭은?

① 호일   ② 라인스톤
③ 마블   ④ 글리터

4. 원하는 디자인의 스티커를 물에 불린 후 떼어서 디자인하는 방법은?

① 워터 마블   ② 워터 데칼
③ 댕글   ④ 마블

5. 접착제가 있는 형태의 디자인으로 떼어서 붙이기만 하면 되는 것은?

① 스티커 데칼   ② 리무버 데칼
③ 워터 데칼   ④ 오일 데칼

6. 스티커 아트의 디자인을 오래 유지하고 광택을 높여주기 위해 사용하는 재료는?

① 글루   ② 젤 글루
③ 톱 코트   ④ 베이스 코트

7. 여러 가지 폴리시를 떨어뜨려 툴(Tool)을 이용하여 자연스럽게 섞어주는 디자인 방법은?

① 프렌치 디자인   ② 마블
③ 콘페티   ④ 그러데이션

8. 폴리시 마블 디자인에 사용하는 도구는?

① 툴   ② 파일
③ 푸셔   ④ 드릴

9. 다음 중 연결이 잘못된 것은?

① 디테일러 브러시 – 가늘고 섬세하게 그릴 때

② 플렛 브러시 – 곡선이나 긴 직선을 그릴 때

③ 짧은 스트라이퍼 브러시 – 짧은 직선이나 곡선을 그릴 때

④ 마블러 툴 – 점을 찍을 때

10. 워터 마블 디자인을 연출할 때 네일 표면에 기포가 생기지 않고 매끄럽게 하기 위한 방법은?

① 베이스 코트를 미리 바른다.
② 큐티클 오일을 미리 바른다.
③ 톱 코트를 바른다.
④ 바세린을 미리 바른다.

11. 물 위에 여러 가지 색상의 폴리시를 떨어뜨려 디자인하는 기법은?

① 핸드 페인팅　　② 마블
③ 에어브러시　　④ 워터 마블

12. 폴리시 아트의 형태와 지속성을 떨어뜨리는 잘못된 톱 코트 시술 방법은?

① 두껍게 바른다.
② 브러시 터치를 가볍게 한다.
③ 브러시 터치를 자주 한다.
④ 디자인 표면이 건조 후 바른다.

13. 핸드 페인팅 디자인에 사용하는 재료는?

① 아크릴 물감　　② 아크릴릭 파우더
③ 핸드 드릴　　　④ 폴리시 젤

14. 포크아트 디자인에 많이 사용하며 더블로딩에 시용하는 브러시는?

① 플렛 브러시
② 포인트 브러시
③ 스트라이퍼 브러시
④ 세필 브러시

15. 네일아트 디자인에 함께 응용할 수 있는 것으로 크고 작은 다양한 색상의 보석을 일컫는 디자인 재료의 명칭은?

① 글리터　　　② 라인스톤
③ 호일　　　　④ 콘 페티

16. 핸드 페인팅의 마무리 단계에 사용하는 것으로 디자인을 오래 유지하고 광택을 높여주기 위해 사용하는 재료는?

① 글루　　　② 젤 글루
③ 톱 코트　　④ 베이스 코트

해답　1.① 2.① 3.② 4.② 5.① 6.③ 7.② 8.① 9.② 10.① 11.④ 12.③ 13.① 14.① 15.② 16.③

융합 네일아트 / 1201010409_14v2

1. 네일 파츠를 붙여 줄 때 사용하는 접착제는?

① 젤 글루　　　② 베이스 코트
③ 톱 코트　　　④ 핑크 글루

2. 젤 네일 위에 입체 액세서리를 붙이고 접착 지속력을 높여주기 위하여 사용하는 것은?

① 톱 코트　　　② 베이스 코트
③ 톱 젤　　　　④ 베이스 젤

3. 입체 액세서리를 붙이고 사용한 접착제가 외관상 보이지 않도록 사용하는 재료가 아닌 것은?

① 전용 접착제　　② 아크릴릭
③ 젤　　　　　　④ 파라핀

4. 시술된 네일 액세서리가 불편함을 주지 않도록 마무리하는 재료는?

① 톱 코트　　　② 베이스 코트
③ 톱 젤　　　　④ 베이스 젤

5. 다양한 컬러의 아크릴릭 파우더를 이용하여 입체적인 디자인을 하는 방법은?

① 아크릴릭 엠보 아트
② 아크릴릭 스컬프처
③ 아크릴릭 와니 아트
④ 아크릴릭 포크아트

6. 2D 모형을 고정시키는 재료가 아닌 것은?

① 전용 접착제　　② 아크릴릭
③ 젤　　　　　　④ 파라핀

7. 아크릴릭 엠보 아트 방법은?

① 아크릴릭 굳기 전에 형태를 완성한다.
② 리퀴드를 많이 사용하여 완성한다.
③ 리퀴드에 오일을 섞어서 사용한다.
④ 리퀴드에 아크릴 물감을 섞어서 색을 표현한다.

8. 3D 모형을 고정시키는 재료가 아닌 것은?

① 전용 접착제   ② 아크릴릭
③ 젤   ④ 파라핀

9. 아크릴릭 파우더와 리퀴드를 사용해 입체적인 형태를 만들어 붙이는 방법은?

① 파츠   ② 프로 트렌스
③ 마블   ④ 3D

10. 3D 재료로 필요하지 않는 것은?

① 호일
② 핀셋
③ 아크릴릭 컬러 파우더
④ 스트라이핑 테이프

11. 모형을 만들 때 기본 틀이나 뼈대가 되는데 사용하는 재료는?

① 핀셋   ② 철사
③ 드릴   ④ 니들

해답   1.① 2.③ 3.④ 4.③ 5.① 6.④ 7.① 8.④ 9.④ 10.④ 11.②

네일숍 운영 관리 / 1201010410_14v2

1. 매장 안의 정리 · 정돈 관리를 책임지며, 가장 기본적인 업무를 배우는 직급은?

① 스텝　　　　② 디자이너

③ 매니저　　　④ 원장

2. 감독 책임을 갖고 매장 관리 업무와 모든 네일 시술을 능숙하게 수행하는 직원은?

① 매니저　　　② 디자이너

③ 스텝　　　　④ 원장

3. 성과나 능력에 따라 지급하는 보상 또는 수당으로 매월 발생되는 순수 기업 수익에 따라 매월 다르게 지급되는 것은?

① 임금　　　　② 인센티브

③ 상여금　　　④ 퇴직금

4. 직원들에게 원활한 업무 수행에 필요한 교육 내용이 아닌 것은?

① 독서 교육　　② 기술 교육

③ 예절 교육　　④ 인성 교육

5. 방문한 고객에게 제일 먼저 확인해야 하는 것은?

① 서비스 비용　　② 서비스 내용

③ 예약 유무　　　④ 서비스 담당

6. (　　　　) 안에 들어갈 고객 예약 응대 방법은?

> 1차 서비스 담당자 선택 → 2차(　　)확인 → 3차 고객 성함 확인 → 4차 관리 내용 확인 → 5차 전체 예약 내용 확인 → 6차 마무리 인사 단계별로 진행

① 고객 전화번호　② 예약 시간

③ 고객 나이　　　④ 교통 수단

7. 고객관리대장에 필요 없는 내용은?

① 서비스 담당자　　② 고객 카드 유무

③ 해당 서비스 내용　④ 서비스 비용

8. 예약관리대장에 필요 없는 내용은?

① 서비스 담당자　　② 고객 카드 유무

③ 해당 서비스 내용　④ 고객의 생일

9. 네일숍의 폴리시 진열 방법으로 적합하지 않은 것은?

① 브랜드끼리 진열

② 유사, 대비, 보색 등을 고려하여 진열

③ 계절별로 진열

④ 시술자가 좋아하는 컬러별로 진열

10. 수요와 공급의 불균형을 방지하기 위해 계획된 재고 수량을 정한 것은?

① 안전 재고　　　② 현재 재고

③ 부족 재고　　　④ 부분 재고

11. 제품을 주문할 때 기준이 되는 재고는?

① 안전 재고　　　② 현재 재고

③ 부족 재고　　　④ 부분 재고

12. 네일숍의 수입을 효율적으로 관리할 수 있는 방법은?

① 고정비 관리대장

② 지출 관리대장

③ 수입 · 지출 관리대장

④ 수입 관리대장

13. 숍의 지출을 계획적으로 관리할 수 있는 방법은?

① 고정비 관리대장

② 수입 · 지출 관리대장

③ 지출 관리대장

④ 수입 관리대장

14. 직원마다 인센티브가 다른 이유는?

① 채용 조건이 다르므로

② 손익분기점이 다르므로

③ 변동비가 다르므로

④ 고정비가 다르므로

15. 수익에서 비용을 제한 금액으로 흑자가 되는 기준점은?

① 손익분기점　　② 변동비

③ 고정비　　　　④ 한계이익점

16. 네일 트랜드를 분석이나 네일숍 홍보로도 활용도가 높은 것은?

① SNS　　　　　② 문자

③ DM　　　　　④ 텔레마케팅

17. 고객에게 시각적으로 신선함을 전하기 위한 홍보 방법은?

① SNS　　　　　② 디스플레이

③ DM　　　　　④ 텔레마케팅

18. 생일, 이벤트 안내 등을 알리는 방법으로 지속적인 커뮤니케이션 관계로 효과적인 고객 관리가 가능한 방법은?

① SNS
② 디스플레이
③ DM
④ 텔레마케팅

19. 고객 만족을 실현하려는 종합적인 마케팅 활동이나 새로 개정된 개인정보보호법에 의해 제한을 받고 있는 홍보 방법은?

① SNS
② 디스플레이
③ DM
④ 텔레마케팅

해답 1. ① 2. ① 3. ② 4. ① 5. ③ 6. ② 7. ② 8. ④ 9. ④ 10. ①
11. ③ 12. ③ 13. ② 14. ① 15. ① 16. ① 17. ② 18. ③ 19. ④

Nail Art Gallery

아트 갤러리

Hands Painting

1. 핸드 페인팅

〈비너스〉

〈앨리스의 모험〉

〈차이니즈 고양이〉

〈꽃과 나비〉

〈여름 풍경〉

〈행복한 눈물〉

〈감성의 마을〉

〈얼룩말〉

Flok Art
2. 포크 아트

〈장미〉

〈해바라기〉

〈장미〉

〈들꽃〉

〈장미〉

〈들꽃〉

〈로크로즈〉

〈데이지〉

〈들꽃의 고요함〉

〈아바타〉

〈들꽃〉

〈일본 만화 캐릭터〉

〈나비여행〉

〈무지개꽃〉

〈밸런타인데이 초콜릿〉

〈새해〉

4. 에어브러시 아트

〈합주곡〉

〈바닷속 풍경〉

〈어둠 속의 꽃〉

〈장미와 백조〉

〈해바라기 정원〉

〈아프리카〉

〈오로라〉

〈밸런타인〉

5. 입체 아트

〈장미〉

〈들꽃〉

〈별이 빛나는 밤에〉

〈앵무새〉

〈구관조〉

〈인어공주〉

〈토끼〉

〈키스〉

Mix Media Art

6. 융합 네일아트

〈이탈리안〉

〈한글〉

〈밸리 댄서〉

〈청혼〉

〈곤충의 세계〉

〈서커스〉

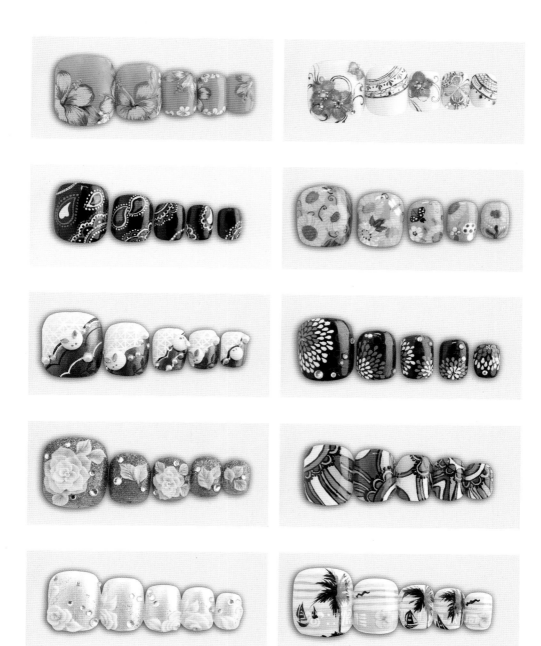

Art Gallery
갤러리

참고문헌

이영순 외, 《네일관리학》, 고문사, 2000

이미선, 《Nailart & Technic》, (주)교학사, 2005

김동연 외, 《Nail art book》, 삼성북스, 2006

이정자, 《BEAUTY》, 혜성출판사, 1999

김영미 외, 《네일 스타일 북》, Yelim, 2003

이영순, 《네일테크니션 자격시험 예상문제집》, 2005

《네일테크니션》, 비짜루, 2003

임영택, 《네일 기술의 예술 세계와 과학적 접근》, 한국밀라디, 1999

김창호 외, 《실전 미용경영》, 서조, 1999

이정자, 〈네일 아티스트의 직무 만족에 관한 연구〉, 용인대학교 석사논문, 2003

김나영 외 《네일아트 테크놀로지》, 광문각 2007

이서윤 외 《네일미용사필기시험》, 광문각 2015

이서윤 외 《응용 네일아트》, 광문각 2014

국가직무표준(NCS) 네일 미용학습모듈

윤세남 《비즈니스 커뮤니케이션》, 박문각 2015

최영희 《미용경영학 & CRM》, 광문각 2013

이미춘 〈네일 디자인의 구도와 네일 폼을 중심으로 한 디자인 스컬프처드 연구〉, 한성대학교 석사논문, 2008

컬러링 연습 교본

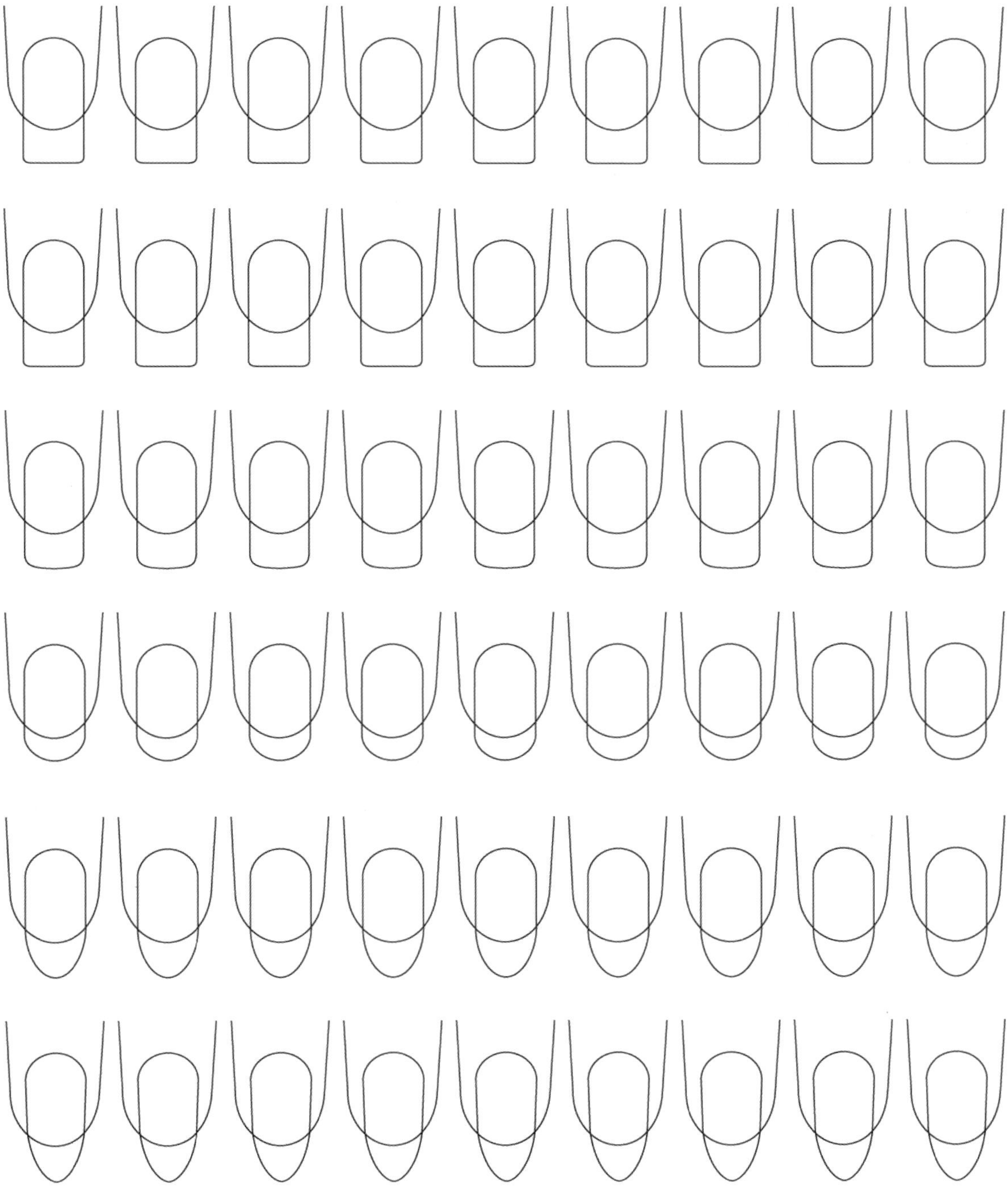

NCS기반 네일미용학

| 2016년 | 2월 | 26일 | 1판 | 1쇄 | 발 행 |
| 2021년 | 3월 | 15일 | 1판 | 3쇄 | 발 행 |

지 은 이 : 이미춘 · 이서윤 · 조미자 · 심정희
　　　　　김은영 · 천지연 · 이미희
펴 낸 이 : 박정태

펴 낸 곳 : **광 문 각**

10881
파주시 파주출판문화도시 광인사길 161
광문각 B/D 4층
등　　록 : 1991. 5. 31 제12 - 484호
전 화(代) : 031-955-8787
팩　　스 : 031-955-3730
E - mail : kwangmk7@hanmail.net
홈페이지 : www.kwangmoonkag.co.kr

ISBN : 978-89-7093-795-3 93590

값 : 28,000원

한국과학기술출판협회회원